SHAANXI NONGLIN

ZHUYAO WAILAI RUQIN SHENGWU

陕西农林
主要外来入侵生物

胡小平　主编

中国农业出版社
北　京

图书在版编目（CIP）数据

陕西农林主要外来入侵生物 / 胡小平主编. -- 北京：中国农业出版社, 2024.11. -- ISBN 978-7-109-32857-0

Ⅰ. Q111.2

中国国家版本馆CIP数据核字第2025WX2955号

陕西农林主要外来入侵生物

SHAANXI NONGLIN ZHUYAO WAILAI RUQIN SHENGWU

中国农业出版社出版

地址：北京市朝阳区麦子店街18号楼

邮编：100125

责任编辑：杨彦君　陈沛宏

版式设计：王　晨　　责任校对：张雯婷　　责任印制：王　宏

印刷：中农印务有限公司

版次：2024年11月第1版

印次：2024年11月北京第1次印刷

发行：新华书店北京发行所

开本：787mm×1092mm　1/16

印张：11.25

字数：266千字

定价：116.00元

FOREWORD

外来生物入侵可导致自然生态系统退化、农林牧渔业严重受害等，事关经济发展、社会稳定和生态安全，是人类面临的一个重大问题。随着全球贸易的快速发展、人员流动的增加、气候变化的加剧、农作物种植结构和耕作模式的调整，外来入侵生物跨境／区域的传播风险增大，危害加重。据 2023 年 9 月 4 日联合国生物多样性和生态系统服务政府间科学政策平台（IPBES）报告显示，全球已知外来物种 37 000 多种，其中 3 500 多种为有害的外来入侵物种。

我国是遭受外来生物入侵较严重的国家之一，截至 2021 年已发现入侵物种 662 种，而且随着社会经济发展，外来入侵物种数量仍呈上升趋势，近 10 年来每年发现的入侵物种多达 5～6 种，是 10 年前的数倍。我国每年因外来入侵物种危害造成的经济损失高达 2 000 多亿元，而且还在持续增加。外来入侵物种可分为入侵微生物（真菌、细菌、病毒、线虫等）、入侵植物和入侵动物。其中，我国外来入侵动物 199 种、微生物 79 种、植物 384 种。

重要入侵微生物有马铃薯晚疫病菌、梨火疫病菌、香蕉镰刀菌枯萎病菌 4 号小种等。马铃薯晚疫病菌已在我国全面扩散，几乎覆盖各个马铃薯产区，是我国马铃薯产业中的头号病原菌。梨火疫病菌目前主要分布在新疆和甘肃部分地区，对我国苹果、梨等蔷薇科果树造成威胁。香蕉镰刀菌枯萎病菌 4 号小种主要分布于福建、广东、广西、海南、云南等省份，重创我国香蕉产业。

重要入侵动物如红火蚁、马铃薯甲虫、苹果蠹蛾等危害严重。红火蚁目前已广泛分布在广东、广西、贵州、云南、四川、重庆、海南、湖南、湖北、江西、福建、浙江等多个省（自治区、直辖市），对农业生态系统和人类健康形成了巨大挑战。马铃薯甲虫分布在新疆、黑龙江、吉林等省（自治区、直辖市），对我国马铃薯产业造成严重威胁。苹果蠹蛾则在新疆、甘肃、宁夏、黑龙江、辽宁、内蒙古、河北和天津等地对苹果和其他水果构成了重大威胁。

重要入侵植物有水葫芦、加拿大一枝黄花、豚草、紫荆泽兰等。水葫芦是世界上危害最严重的水生漂浮植物，被列入世界十大害草，目前广泛分布于我国华北、华东、华中和华南的19个省（自治区、直辖市），其快速泛滥生长导致水域生态系统失衡，不仅影响渔业资源，还增加了河流和湖泊的治理成本。加拿大一枝黄花因超强的繁殖力对本地物种的多样性构成严重威胁，目前在我国分布于上海、浙江、江苏、安徽、湖北、湖南、四川、贵州、河南、陕西等省份；豚草作为恶性杂草，对禾本科、菊科等植物有抑制作用，主要分布于我国北京、河北、辽宁、吉林、黑龙江、上海、浙江、江苏、安徽、山东、湖北、湖南、江西、广西、广东、贵州、新疆等省份。

为了促进外来入侵生物防控工作落实，保障粮食安全、生态安全和社会稳定，从2020年开始，笔者组织西北农林科技大学、河南工业大学、陕西省植物保护工作总站、西安黄氏生物工程有限公司等单位入侵生物学、植物检疫学领域的科技人员，在科技部国际合作项目（KY202002018）、国家小麦产业技术体系外来物种入侵防控专项（CARS-03-37），以及农业农村部农业外来入侵物种普查专项（13220157、13230168、13230148、13230149）等项目的支持下开展了多年的调查研究，并总结了笔者及其他研究人员在陕西农林外来入侵生物方面的研究成就，撰写了新中国成立以来第一部《陕西农林主要外来入侵生物》专著。

《陕西农林主要外来入侵生物》共分四章，系统介绍了95种农林外来入侵生物的识别特征、发生规律、寄主范围和在我国的分布情况等，内容丰富、翔实，注重实践应用，对指导农林外来入侵物种普查、研究等具有可操作性。该书可供从事外来入侵物种科研、教学、管理等领域的专家阅读参考。

在本书编写过程中，借鉴了国内外同行专家的一些研究成果，也得到有关专家的指导，在此一并表示感谢！中国农业出版社给予大力支持，本书得以付梓，谨致谢意！受成书时间和编著水平所限，书中疏漏与不妥之处在所难免，敬请广大读者批评指正，以便再版时及时补正。

胡小平
西北农林科技大学
2024年10月8日

CONTENTS 目　录

前言

第三章　入侵植物

第四章　其他入侵生物

第一章 入侵病原物

一、马铃薯晚疫病菌

马铃薯晚疫病菌为致病疫霉 [*Phytophthora infestans* (Mont.) de Bary]，可侵染马铃薯除花以外的所有部位，能导致整田植株块茎腐烂且快速死亡，是一种毁灭性病菌。适于马铃薯晚疫病发生和流行的地区和年份产量损失可达20%～80%。19世纪40年代爱尔兰马铃薯晚疫病大流行，导致100多万人饿死，200多万人移居他国。近年来，随着抗病品种的选育推广、监测预警及防控技术的提高，病菌的危害情况已得到一定的控制，但仍然是部分地区马铃薯产业发展的最大限制。

病害英文名：potato late blight

1. 形态特征

菌丝无色，无隔膜，多核。有性世代产生卵孢子，但很少见。主要靠无性世代产生孢子囊传播为害。孢子囊无色，大小为（22～23）μm×（16～24）μm，卵圆形，顶部有乳头状突起，基部有明显的脚胞，着生在孢囊梗上。孢囊梗无色，有分枝，常两三条分枝从叶片的气孔或薯块的皮孔、伤口伸出。孢子梗顶端膨大，形成孢子囊。孢子囊脱落后，顶端还可伸长，再另生长孢子囊。孢子囊吸水后，其内容物被分割成6～12个游动孢子，从顶端乳头状突起处释放。游动孢子肾脏形，在凹入的一侧生2根鞭毛，在水中游动片刻，便失掉鞭毛，呈球形，生出被膜，然后伸出芽管；当温度不适宜时，孢子囊直接萌发生出芽管。但无论是游动孢子或孢子囊发出的芽管，都能侵入植株的任何绿色部位表皮，更容易从叶片背面侵入；侵入薯块则是通过伤口、皮孔或芽眼外面的鳞片；靠近地面的薯块，则被随雨水渗入土中的孢子囊和游动孢子侵染可能性最大。

2. 为害症状

叶片发病时，起初形成形状不规则的黄褐色斑点，没有整齐的界限。气候潮湿时，病斑迅速扩大，其边缘呈水渍状，有一圈白色霉状物，在叶的背面长有茂密的白霉，形成霉轮，这是马铃薯晚疫病的特征；在干燥时，病斑停止扩展，病部变褐变脆，病斑边缘亦不产生白霉。茎部受害时，初呈稍凹陷的褐色条斑；气候潮湿时，表面也产生白霉，但不及叶片上的繁茂。薯块发病初期产生小的褐色或带紫色的病斑，稍凹陷，在皮下呈红褐色，逐渐向周围和内部发展。土壤干燥时病部发硬，呈干腐状；而黏重多湿的土壤内，常有杂菌从病斑侵入繁殖，造成薯块软腐。贮藏中的带病薯块，由于窖内温湿度的影响和杂菌的侵染，也可能转为干腐和湿腐。

3. 寄主范围

主要侵染马铃薯（*Solanum tuberosum*），部分生理小种可侵染番茄（*S. lycopersicum*）引起番茄晚疫病。

4. 发生规律

马铃薯晚疫病菌主要以菌丝体在薯块中越冬，各地应加强引种时疫情的监测。播种带菌薯块，会导致不发芽或发芽后出土即死去，有的出土后成为中心病株，病部产生孢子囊借气流传播进行再侵染，使该病由点到面，迅速蔓延扩大。病叶上的孢子囊还可随雨水或灌溉水渗入土中侵染薯块，形成病薯，成为翌年主要侵染源。

一般而言，晚疫病发生流行多在5—6月，此时为马铃薯封垄现蕾期至盛花期，植株由营养生长进入生殖生长阶段，地下块茎迅速膨大，基部叶片开始衰老，又恰逢阴雨连绵期。晚疫病菌在日暖夜凉、阴雨连绵或多露多雾、相对湿度在75%以上时，容易侵入、传染和流行。

5. 在中国分布区域

在西南地区发生危害较为严重，而在东北、华北和西北地区的多雨潮湿年份危害较重。

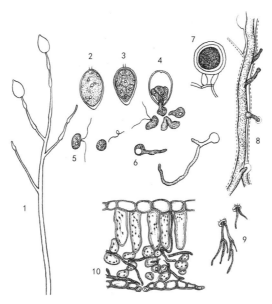

马铃薯晚疫病菌孢子梗和孢子囊（胡加怡 提供）

1.孢子囊梗及孢子囊 2～4.孢子囊萌发过程 5、6.游动孢子及其萌发 7.藏卵器及雄器 8.营养菌丝生于寄主细胞间，并以吸器伸入细胞内 9.自气孔伸出的初生孢囊梗 10.寄主组织内的菌丝体

马铃薯晚疫病症状（胡小平 提供）
A.茎秆受害症状 B.叶片正面受害症状 C.叶片背面受害症状 D.块茎受害症状

主要参考文献

《中国农作物病虫害》编辑委员会，1979.中国农作物病虫害(上).北京：农业出版社.

黄河，程汉清，徐天宇，等，1981.我国北部马铃薯晚疫病菌生理小种的发生和变化.植物病理学报，11(1)：
　　45-49.

Dong S M, Zhou S Q, 2022. Potato late blight caused by *Phytophthora infestans*: From molecular interactions to
　　integrated management strategies. Journal of Integrative Agriculture, 21(12): 3456-3466.

Fry W E, 1977. Integrated control of potato late blight--effects of polygenic resistance and techniques of timing
　　fungicide applications. Phytopathology, 77(3): 415-415.

Ivanov A A, Ukladov E O, Golubeva T S, 2021. *Phytophthora infestans*: an overview of methods and attempts to
　　combat late blight. Journal of Fungi, 7(12): 1071-1071.

二、甘薯长喙壳菌

　　甘薯长喙壳菌（*Ceratocystis fimbriata* Ellis et Halsted）属肉座菌亚纲小囊菌目长喙壳科长喙壳属，引致甘薯黑斑病，也称甘薯黑疤病。1890年发现于美国，1919—1921年间由美国传入日本，1937年从日本传入我国辽宁省盖州市，逐步蔓延至全国各甘薯产区。

　　病害英文名：sweet potato black rot

1. 形态特征

病原菌的生长阶段分为无性繁殖阶段和有性生殖阶段，其中无性繁殖阶段产生的孢子有分生孢子和厚垣孢子2种。分生孢子呈串珠状，顶生或侧生，多细胞，直立或卷曲状，半透明至浅褐色；厚垣孢子呈球形，厚壁，黑褐色，多为单细胞或多个细胞串生成短链。有性阶段产生子囊孢子，子囊壳长瓶颈状，直径105～140μm，颈长350～800μm，粗20～30μm。子囊生于子囊壳内，梨形，壁薄，易消解。每个子囊内含8个子囊孢子。子囊孢子单胞，无色，钢盔状，（4.5～4.7）μm×（3.5～4.7）μm。

2. 为害症状

甘薯长喙壳菌主要为害甘薯薯块及薯苗的非绿色组织。薯苗发病，茎基白色部位生黑色圆形病斑，稍凹陷，后逐渐扩大，环绕薯苗基部呈黑脚状，地上部叶片发黄，幼芽变黑腐烂。薯块病斑圆形或不规则形，墨绿色，稍凹陷，病薯味苦，高温高湿条件下，病部产生灰黑色霉层（病菌的无性繁殖器官），后形成黑色刺毛状物，即病菌埋生或半埋生子囊壳长喙状孔口。

该菌引起的甘薯黑斑病造成的产量损失一般为5%～10%。该病害不仅在大田为害严重，还引起烂床、烂窖等。此外，在甘薯长喙壳菌侵染过程中可诱导甘薯产生呋喃萜类毒素，该毒素具有严重的肝毒性和肺毒性，家畜食用带毒甘薯后中毒，严重的死亡。用病薯块作发酵原料，毒害酵母菌和糖化酶菌，延缓发酵，降低酒精质量和产量。

3. 寄主范围

主要为害甘薯（*Dioscorea esculenta*），还可为害可可（*Theobroma cacao*）、咖啡（*Coffea arabica*）、芒果（*Mangifera indica*）、桉树（*Eucalyptus robusta*）、刺桐（*Erythrina variegata*）、山胡桃（*Carya cathayensis*）、枫树（*Acer buergerianum*）、石榴（*Punica granatum*）、刺槐（*Robinia pseudoacacia*）、柑橘（*Citrus reticulata*）以及李属（*Prunus*）、杨属（*Populus*）植物和木薯（*Manihot esculenta*）、芋头（*Colocasia esculenta*）等30多种木本和草本植物。

4. 发生规律

病菌以厚垣孢子、子囊孢子和菌丝在薯块、土壤和肥料中越冬。利用病薯育苗，在病床上产生病苗，病苗移栽至田间后污染土壤。土壤病菌主要来自病残体和带菌粪肥。甘薯收获贮藏期，病菌可随人畜、昆虫和农具等媒介传播，从薯块伤口、皮孔、根眼侵入，发病后再频繁侵染。室温5℃以上干燥条件下，厚垣孢子和子囊孢子可存活150d以上，在水中子囊孢子可存活148d，厚垣孢子存活128d。病菌在田间土壤内可存活2年以上。

甘薯黑斑病的发生与温度、湿度、土质、耕作制度、甘薯品种和薯块伤口、虫鼠为害状况关系密切。甘薯受病菌侵染后，地温在15～30℃之间均能发病，最适温度为25℃。甘薯贮藏期适宜发病温度为23～27℃。一般地势低洼、土壤黏重的重茬地发病重，地势高燥、土质疏松的田块发病轻。连作地发病重。春薯发病比夏薯、秋薯重。多雨年份或窖温高、湿度大、通风不好的窖发病重。

5.在我国分布区域

我国甘薯产区均有分布。

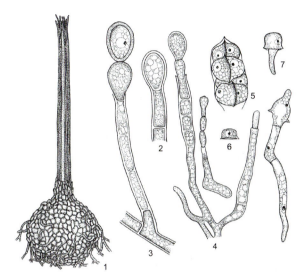

甘薯长喙壳菌（胡加怡　提供）
1.子囊壳　2、3.内生厚壁分生孢子的形成　4.内生薄壁分生孢子的形成（右边的分枝）
5.子囊及子囊孢子　6.子囊孢子　7.子囊孢子萌发

甘薯黑斑病症状（张管曲　提供）
A.甘薯蔓被害状　B.甘薯被害状

主要参考文献

李倩, 邓吉, 李健强, 2009. 甘薯长喙壳菌产生芳香性气体物质研究进展. 植物保护, 35(4): 8-14.

刘云龙, 何永宏, 阮兴业, 2003. 甘薯长喙壳——危害多种作物并分布广泛的病原体. 云南农业大学学报, 18(4): 408-411.

沈从涛, 朱壁英, 吴东儒, 1984. 甘薯长喙壳菌株的孢子形态、致病性和产毒能力的比较. 安徽大学学报 (2): 79-82.

王森, 田俊, 刘曼, 2023. 甘薯长喙壳菌的致病机制、毒素合成及防控研究进展. 江苏农业科学, 39(5): 1256-1264.

三、苹果黑星病菌

苹果黑星病菌 [*Venturia inaequalis* (Cooke.) Wint.] 无性态为 *Spilocaea pomi* Fr. [= *Fusicladium dendriticum* (Wallr.) Fuck], 属子囊菌亚门腔菌纲格孢腔菌环目黑星菌属, 引致苹果黑星病。1819 年, 瑞典人 Elias Fries 首次从植物学角度描述了苹果黑星病。1866 年, Cooke 描述了苹果树叶片上的一种腐生真菌, 因其子囊孢子具有两个大小不等的细胞, 因此, 将之命名为 *Sphaerella inaequalis*。直到 1897 年, Aderhold 研究具有苹果黑星病斑的苹果落叶时, 发现了其有性阶段, 研究清楚了该病菌寄生和腐生的关系, 并更名为 *Venturia inaequalis*。1927 年, 在我国河北省发现了该病害。该病菌被部分省份列为补充检疫对象。

病害英文名: apple scab

1. 形态特征

病菌分生孢子梗圆柱状, 丛生, 短而直立, 多数不分枝, 淡褐色至深褐色, 基部膨大, 1 ~ 2 个隔膜, 分生孢子梗上有环痕, 孢子梗大小为 (24 ~ 64) μm × (6 ~ 8) μm, 分生孢子梗与菌丝区别明显或不明显。分生孢子 0 ~ 1 个隔膜, 偶具 2 个或 2 个以上隔膜, 分隔处略隘缩, 分生孢子倒梨形或倒棒状, 淡褐色至褐色或橄榄色, 孢基平截, 表面光滑或具小疣突, 大小为 (16 ~ 24) μm × (7 ~ 10) μm。在培养基上, 菌落不规则形或圆形, 平铺状, 橄榄色、灰色或黑色, 有时被茸毛, 菌丝分枝并有分隔。菌丝体多数生于寄主角质层下或表皮层中, 呈放射状生长。在幼叶内, 菌丝体向四周辐射分叉生长, 边缘呈羽毛状。在老叶和果实上, 菌丝束紧而厚, 病斑周缘整齐而明显。在苹果叶片内, 菌丝体在角质层和表皮细胞之间生长, 在角质层下面, 由一层至数层菌丝体形成子座。子囊座 (假囊壳) 初埋生于落叶的叶肉组织中, 后外露, 烧瓶形, 直径 90 ~ 170μm, 孔口露出, 周围有刚毛, 刚毛长 25 ~ 75μm。每个子囊壳内一般可产生 50 ~ 100 个子囊, 最多 242 个。子囊幼小时, 内生一种不孕器官, 形同侧丝, 当子囊孢子成熟时, 这些器官即消失。子囊基部有一些细胞, 状如厚垫, 上生子囊, 因子囊不是同时成熟的, 所以在同一个子囊壳内, 可以同时找到成熟的和幼小的两种子囊。子囊长棍棒形, 大小为 (60 ~ 70) μm × (6 ~ 11) μm, 子囊孢子双列, 后子囊延长, 子囊孢子呈单列释放。子囊孢子双胞, 上部细胞较小，下部较大，淡绿褐色，（11 ～ 15）μm×（4 ～ 8）μm。病菌有生理分化现象，引致的苹果黑星病是世界各苹果产区的重要病害，具有流行速度快、危害性大、难于防治等特点。

2. 为害症状

病菌可为害苹果、沙果、海棠等的叶片、叶柄、嫩梢、果梗及果实，叶片和果实受害最重。症状可归纳为边缘坏死型、干枯型、褪绿型、梭斑型、疮痂型和疱斑型6类。①边缘坏死型：发病初期，菌丝在叶片正面以侵入点为中心呈放射状扩展，病斑初为淡黄绿色，渐变褐色，病斑一般呈圆形。随着病斑发育，其周围叶肉组织坏死，变成褐色，最后病斑干枯，有时病斑脱落造成穿孔。②干枯型：初期叶片上病斑呈淡黄绿色，当连片发生时，叶片卷曲、畸形，变褐干枯，容易脱落。③褪绿型：病斑首先在叶片背面出现，表生黑色霉层。随着病斑发展，叶片背面褪绿、枯死，但正面无病症。④梭斑型：一般在叶柄和主叶脉上发生，病斑黑色，较小，呈梭形或斑点状，发病叶片易变黄脱落。⑤疮痂型：在果实上发生。初时病斑呈黑色星状斑点，随果实发育，病斑扩大龟裂或呈疮痂状，严重时果实畸形，表面星状开裂。⑥疱斑型：病斑都在叶片正面发生，但症状明显不同。

3. 寄主范围

苹果黑星病菌能侵染除梨树以外的其他仁果类植物，如苹果（*Malus domestica*）、小苹果（*Malus* spp.）、山楂（*Crataegus* spp.）、花楸（*Sorbus* spp.）、火棘（*Pyracantha* spp.）和枇杷（*Eriobotrya japonica*）等。

4. 发生规律

苹果黑星病菌在落叶或果实上产生假囊壳越冬，但也可以菌丝体或分生孢子在芽鳞内越冬。子囊孢子在翌年春季苹果发芽至花期开始成熟，是主要的初侵染源，可借风雨传播。子囊孢子成熟的最适温度为18 ～ 20℃，多在芽萌动时开始进行初侵染，子囊孢子成熟和释放可持续5 ～ 9周，且释放高峰期是在开花至落花期。子囊孢子能否成功侵染取决于叶表面连续湿润时间的长短及此期间的温度。叶片背面在晚夏易受到感染。对于果实而言，在整个生长期内均易感病，且子囊孢子侵染所需要的露时随果实的增长而增加。一旦侵染成功，病斑上产生的分生孢子可成为再侵染源，在秋季可出现第二次发病高峰期。

5. 在中国分布区域

1997年苹果黑星病首次在陕西兴平、礼泉、杨凌、旬阳等地发生，现在陕西洛川、富平两县病情极轻，淳化、临渭、扶风、三原、泾阳、岐山病情轻，陇县、千阳、凤翔、杨凌病情较轻，彬州、乾县、兴平、鄠邑病情较重，发病最严重的是旬邑、眉县、周至。在四川川西高原，山东潍坊市、黑龙江佳木斯市，山西、云南也有发生。

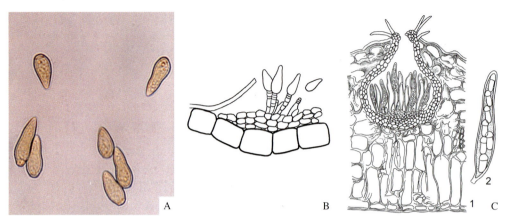

苹果黑星病菌形态特征（胡小平　提供）
A.分生孢子　B.苹果叶片角质层下的子座　C.假囊壳（1、2分别为子囊及子囊孢子）

苹果黑星病症状（胡小平　提供）
A.疱斑型初始症状　B.疱斑型最终症状　C.边缘坏死型初期症状　D.边缘坏死型最终症状　E.干枯型症状
F.褪绿型症状（叶片背面）　G.褪绿型症状（叶片正面）　H.疮痂型初始症状　I.疮痂型最终症状
J.梭斑型症状（枝条）　K.梭斑型症状（叶柄）

主要参考文献

胡小平,杨家荣,田雪亮,等,2008.渭北旱塬苹果黑星病的初侵染来源.植物病理学报,38 (1): 83-87.

胡小平,杨家荣,徐向明,2011.中国苹果黑星病.北京:中国农业出版社.

胡小平,周书涛,杨家荣,2010.我国苹果黑星病发生概况及研究进展.中国生态农业学报,18(3): 663-667.

中国植物保护百科全书(生物安全卷).北京:中国林业出版社,2017.

MacHardy W E, 1996. Apple Scab: Biology, Epidemiology, and Management. APS Press, St. Paul, Minnesota.

四、栗疫病菌

栗疫病菌 [*Cryphonectria parasitica*(Murrill)Barr]属子囊菌,引致栗疫病,19世纪初在东南亚首次发现,随后在半个世纪的时间内传入美洲、欧洲等地,对全世界林业造成毁灭性的破坏。

病害英文名:chestnut blight

1. 形态特征

菌丝主要在寄主的形成层或皮层内扩展,形成紧密的扇形菌丝层。子座通常呈橘红色,内部生有分生孢子器或子囊壳。分生孢子器形状不规则,大小不一,多为单室,颜色从淡黄色至茶褐色不等;分生孢子为单胞,无色,长椭圆形或圆柱形。子囊壳为茶褐色至黑色,呈球形或扁球形,直径150 ~ 350μm,深埋在子座组织中,数量从1个至多个不等。子囊壳的颈细长,黑色,下部颜色较淡,长度可达600μm,长颈从子座顶部伸出。子囊呈棒状,顶壁增厚,中间有孔道,子囊孢子8个,单行或不规则排列,椭圆形,双胞,无色,隔膜处稍缢缩。

栗疫病菌一年四季均可形成分生孢子器及分生孢子,但以春季和夏季为多。分生孢子在干燥条件下可存活2 ~ 3个月,甚至长达1年。子囊孢子主要在秋季成熟,但其释放期较长,可持续数月,且耐干旱,经1年干燥后遇水仍可萌发,潜伏期较长。

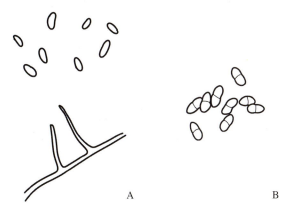

A   B

栗疫病菌分生孢子、菌丝(A)和子囊孢子(B)形态(王强 提供)

2. 为害症状

主要为害板栗树的主干及主枝，少数会引起枝枯。发病初期，树皮上出现褐色水渍状稍隆起的病斑，病斑呈圆形或长条形，并伴有开裂和溃疡，裂口内部组织湿腐，散发酒糟味。在高湿条件下，裂开的树皮内部可见紧密的褐色丝状物。发病中后期，病斑失水凹陷，在树皮下产生黑色瘤状小粒，即病菌子座。子座顶端破皮而出，在雨后或潮湿条件下，子座内溢出黄色卷须状的分生孢子角。最后，病皮干缩开裂，病斑周围产生愈伤组织。

栗疫病症状（王强　提供）

3. 寄主范围

栗疫病菌寄主范围相对广泛，除了为害板栗（*Castanea mollissima*）外，还可寄生锥栗（*C. henryi*）、栓皮栎（*Quercus variabilis*）、夏栎（*Q. robur*）、无梗花栎（*Q. petraea*）、漆树（*Toxicodendron verniciﬂuum*）、山核桃（*Carya cathayensis*）等植物。

4. 发生规律

栗疫病菌主要以菌丝（或菌丝膜）在病害处越冬，同时以子座在枯死的枝干和木质部的病斑处越冬。子座内含有少量成熟或未成熟的子囊壳、分生孢子器和分生孢子。菌丝还可以在果实内越冬。分生孢子可借助风、雨、昆虫或鸟类传播。子囊孢子和分生孢子都具有侵染能力，分生孢子是翌年初侵染的主要来源。

孢子萌发后从伤口侵入，日灼、冻伤、虫咬、嫁接以及人为因素等造成的伤口为病原菌侵入创造了有利条件。伤口不仅是病原菌的入侵通道，还为其提供养分，使菌丝得以扩展并深入寄主组织。当平均温度超过7℃时，病斑开始扩大；气温维持在20～30℃时，最适于病原菌的生长和繁殖，病斑发展迅速。一般在侵入5～8d后出现病斑，10～18d产生子座，随后形成分生孢子器。平均温度下降到10℃以下时，病斑扩展缓慢。

5. 在中国分布区域

栗疫病菌在19世纪末传入中国，随后在全国各地陆续发现该病，部分地区的发病情况严重。总体来看，栗疫病在中国的发病率由北向南逐渐减轻。主要发生地区包括北京、河北、辽宁、山东、江苏、安徽、浙江、河南、湖南、广东、广西、陕西、湖北、福建、四川和重庆等地。

主要参考文献

郝雅琼,刘红星,王泽华,等,2022.栗疫病菌侵染板栗枝条的显微观察.植物保护,48(1):179-184.

吴群, 2011. 栗疫病菌的生物学特性和抗病品种的初步筛选. 武汉：华中农业大学.

五、畸形外囊菌

畸形外囊菌 [*Taphrina deformans* (Berk) Tul.] 属子囊菌门外囊菌目外囊菌属真菌，引致的桃缩叶病是一种世界性病害，在各地桃产区都有不同程度发生。19世纪初，在欧洲首先报道，我国最早记载是19世纪末。

病害英文名：peach leaf curl

1. 形态特征

病菌无子囊果，子囊裸生，栅状子实层平行排列于寄主角皮层下，后突破角皮层外露。子囊长圆柱形，上宽下窄，顶端扁平，大小为 (17 ~ 50) $\mu m \times$ (7 ~ 15) μm，内含8个子囊孢子。子囊孢子圆形或椭圆形，无色，可在子囊中进行芽殖，因此，子囊中有时见8个以上的孢子，芽孢子无色，单胞，卵圆形，薄壁的芽孢子可直接再芽殖，厚壁的芽孢子可休眠。

2. 为害症状

病菌主要侵染寄主的幼嫩组织，以嫩叶为主，嫩梢、花和幼果亦可受害。春季嫩叶刚从受侵芽鳞抽出即可受害，表现为变厚肿胀、卷曲变形、颜色发红。随着叶片逐渐展开，卷曲程度也不断加重，病部明显肿大肥厚，皱缩扭曲，革质化变脆，颜色呈浅红色到红褐色，上生一层灰白色粉状物，严重时病叶变褐、枯焦、脱落。枝梢发病呈灰绿色或黄色，节间缩短，叶丛生，常引起夏芽生长，严重时病梢扭曲，生长停滞，最后整枝枯死。花及幼果受害时花瓣肥大变长易脱落，病果畸形，表面龟裂，容易早落。

3. 寄主范围

寄主除桃树（*Prunus persica*）外，还有油桃（*P. persica* var. *nectarina*）、扁桃（*P. dulcis*）等。

4. 发生规律

病原菌的生长温度为10 ~ 30℃，适温为20℃。侵染寄主适温为10 ~ 16℃，最低7℃。厚壁芽孢子耐寒，存活时间长，在30℃时，可存活140d，较低温度时可存活300d以上。子囊孢子成熟后，子囊顶端破裂，散出子囊孢子。子囊孢子借气流传播，潜伏在寄主芽鳞内越夏越冬，也可以产生厚壁的芽孢子在土壤及病组织中越冬。翌年春季桃树萌芽时，孢子萌发，直接从表皮侵入或从气孔侵入正在伸展的嫩叶。孢子大多从叶背面侵入叶组织。侵入叶肉组织中的菌丝大量繁殖，分泌多种生理活性物质，刺激寄主细胞异常分裂。该病一般不发生再侵染，偶尔发生再侵染，但危害不明显。病害一般在桃树展叶后开始发生，5月为发病初期，经1个月左右达到发病盛期，日均温升至20℃以上时病害即停止发展。

低温高湿的气候条件有利于病害的发生。春季在桃树芽膨大和展叶期，如遇 10 ～ 16℃冷凉潮湿的阴雨天气，促使该病流行，春季温暖干旱则发病较轻。一般早熟品种发病重，晚熟品种发病轻。

5. 在中国分布区域

桃缩叶病在我国各地均有不同程度的发生，尤以春季潮湿的沿江河湖海等局部地区发生严重，内陆干旱地区发生较少。

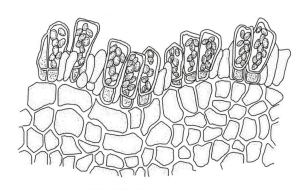

畸形外囊菌形态（胡加怡　提供）

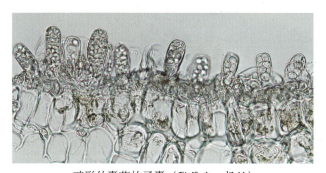

畸形外囊菌的子囊（张管曲　提供）

桃缩叶病症状（张管曲　提供）

主要参考文献

顾洪卫，赵永根，2004. 长江中下游桃缩叶病发生原因浅析与防治对策. 上海农业科技 (5): 106.

黄丽丽，康振生，罗志萍，1993. 桃缩叶病组织的光学和电子显微镜观察. 西北农业大学学报，21(52): 29-32.

王欣，侯林洲，李怡萍，2006. 桃缩叶病的发生与防治. 陕西农业科学 (1): 128.

Martain E M, 1940. The morphology and cytology of *Taphrina deformams*. American Journal of Botany, 27: 743-751.

六、十字花科蔬菜种传黑斑病菌

十字花科蔬菜种传黑斑病菌属半知菌亚门链格孢属真菌，白菜黑斑病菌为芸薹链格孢 [*Alternaria brassicae* (Berk.) Sace.]，甘蓝和花椰菜黑斑病菌为 *A. oleracea* Ibrath，萝卜黑斑病菌为 *A. raphani* Groves et Skolko。十字花科蔬菜黑斑病在许多国家都有发生，尤其在美国、芬兰、加拿大发生较重。20世纪40年代，在中国已发生较普遍，80、90年代在我国华北、东北和西北等地区多次暴发流行，1999年内蒙古呼伦贝尔市白菜黑斑病流行，严重地块发病率高达100%，病情指数达61.5。

病害英文名：cruciferous vegetable seed borne black spot

1. 形态特征

三种病菌分生孢子梗单生或2～5根丛生，褐色至暗绿褐色，$(20 \sim 136)$ μm× $(4 \sim 6)$ μm；分生孢子形态相似，长条形至倒棍棒形，棕褐色，有3～10个横隔，0～25个纵隔。白菜黑斑病的分生孢子多数单生，较大，$(16 \sim 28)$ μm× $(125 \sim 225)$ μm，嘴胞较长，色泽较浅；甘蓝黑斑病菌分生孢子常串生（8～10个连成一串），较小，$(11 \sim 17)$ μm× $(50 \sim 75)$ μm，嘴胞较短，色泽较深；萝卜黑斑病菌分生孢子多单生，少数2个串生，$(11 \sim 19)$ μm× $(29 \sim 88)$ μm，嘴胞较长，淡青褐色至绿褐色。

病菌分生孢子在高温条件下产生最盛，白菜黑斑病分生孢子萌发适温为17～20℃，菌丝生长的温度为1～35℃，适温为17℃；甘蓝黑斑病菌分生孢子的萌发温度则为1～40℃，适温为28～31℃，菌丝生长适温为25～27℃。

2. 为害症状

十字花科蔬菜种传黑斑病菌能侵染白菜、油菜、甘蓝、花椰菜、芥菜、芜菁和萝卜等，白菜黑斑病菌多为害白菜、油菜、芥菜和芜菁，甘蓝黑斑病菌主要为害甘蓝和花椰菜，萝卜黑斑病菌主要为害萝卜。受害部位主要为叶片，亦为害茎与种荚，染病部位褪绿且出现坏死斑，病斑圆形或近圆形，黑色、暗褐色至灰褐色，有或无明显的同心轮纹，周围有时有黄色晕圈，潮湿时叶两面均生黑色霉状物。受害种子皱缩、发芽率降低进而影响植物产量和品质。

3.寄主范围

十字花科蔬菜中的芥属（*Arabis*）、芸薹属（*Brassica*）、萝卜属（*Raphanus*）植物。

4.发生规律

病菌主要以菌丝体及分生孢子在病残体上、土壤中、采种株上以及种子表面越冬，成为田间发病的初侵染来源。分生孢子借风雨传播，萌发产生芽管，从寄主气孔或表皮直接侵入。环境条件适宜时，病斑上能产生大量的分生孢子进行再侵染，扩大蔓延危害。

该病在高湿条件下发病最盛，但白菜黑斑病发病要求温度较低，甘蓝黑斑病发病要求温度较高，所以，在广东地区白菜黑斑病多发生在气温较低的12月至翌年2月；而甘蓝黑斑病则发生在气温较高的10—11月及翌年3月。黑龙江的密山、虎林一带，常年气温偏低，白菜黑斑病危害较重。

该病防治重在种子处理，同时加强栽培管理，与非十字花科蔬菜实行隔年轮作，并采取深耕、清除病残体、合理施肥等措施。发病初期进行药剂防治，可用65%代森锌可湿性粉剂600倍液、波尔多液（1∶3∶400）、10%多抗霉素可湿性粉剂1 000 ~ 2 000倍液等，每10d左右喷药1次，连续喷2 ~ 3次。

5.在中国分布区域

中国各地普遍发生。

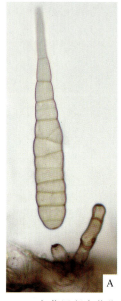
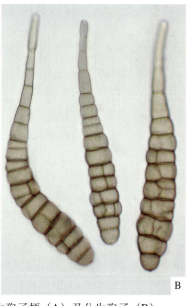

白菜黑斑病菌分生孢子梗（A）及分生孢子（B）
（张管曲　提供）

白菜黑斑病症状（张管曲　提供）

主要参考文献

梁力哲, 1985. 种传十字花科蔬菜黑斑病的发生与防治. 蔬菜 (16): 13-15.

肖长坤, 李勇, 李健强, 2003. 十字花科蔬菜种传黑斑病研究进展. 中国农业大学学报, 8(5): 61-68.

喻法金, 赵毓潮, 2007. 萝卜细菌性黑斑病在高山菜区发生规律观察. 植物检疫, 21(3): 167-169.

Selvamani R, Pandian R, Sharma P, 2013. Morphological and cultural diversity of *Alternaria brassicae* (Berk.) Sacc. isolates cause of black leaf spot of Crucifers. Annals of Plant Protection Sciences, 21(2): 337-341.

七、黄瓜黑星病菌

黄瓜黑星病菌（*Cladosporium cucumerinum* Ell. et Arthur）属子囊菌门枝孢属丝状真菌，引致黄瓜黑星病，可为害黄瓜等多种葫芦科作物，广泛分布于世界各地，已成为农业生产中的重要致病菌。1889年，Arthur 在美国首次报道了黄瓜受黑星病菌侵害情况。目前，该病原菌已被列入我国进境植物检疫性有害生物名录。

病害英文名：scab of cucurbits

1. 形态特征

菌丝体表生或埋生，白色，有分隔。分生孢子梗为淡褐色，单生或 3 ~ 6 根丛生，分枝或不分枝，直立且光滑，具 3 ~ 8 个隔膜，基部常常膨大。分生孢子呈链生，形状为椭圆形、圆柱形或近球形，淡褐色，多数无隔膜。

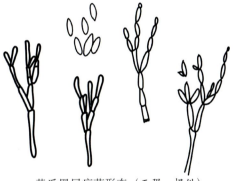

黄瓜黑星病菌形态（王强　提供）

2. 为害症状

在叶片上，病害初期表现为浅绿色的水渍状病斑，随后变灰。这些病斑周围可能出现黄色晕圈，病斑最终会变成穿孔状。大量病斑会导致叶片扭曲和变形。在果实上，病斑最初表现为小的区域凹陷，容易被误认为是虫害。这些病斑可能会渗出黏液，随着时间推移变黑，形成火山口状的凹陷。暗绿色的绒毛状孢子层可能会出现在这些凹陷中，并且可能会有次生软腐细菌侵入。病症的严重程度取决于果实感染时的果龄。

黄瓜黑星病症状（张管曲　提供）

3. 寄主范围

黄瓜黑星病菌的寄主主要包括黄瓜（*Cucumis sativus*）、南瓜（*Cucurbita moschata*）、甜瓜（*C. melo*）、西葫芦（*C. pepo*）等多种葫芦科作物。这些作物在受感染后均表现出相似的黑星症状，严重影响作物产量和质量。

4. 发生规律

病原菌主要存在于受侵染的作物残体中，在田间存活长达3年，可通过种子传播，有腐生生长能力。重露、轻雨和凉爽的条件下更容易发生病害。病原体可通过潮湿的空气、昆虫、车辆和人类行为传播。春季产生的孢子在短短9h内即可感染植株，3d内产生病斑，并在4d内产生新一代孢子。

5. 在中国分布区域

1950年，在河南首次发现了黄瓜黑星病。1966年和1979年，在吉林和黑龙江发现该病害，但未造成大面积灾害。20世纪80年代以来，黄瓜黑星病在黑龙江、吉林、辽宁大面积流行，造成了较大的经济损失。据调查，在黄瓜黑星病重灾区，病株率超过90%，严重地区的减产幅度可达50%～70%。目前，黄瓜黑星病在中国分布广泛，频繁发生，尤其在湿润、温暖的地区更为严重。

主要参考文献

李全辉，2011. 黄瓜抗黑星病遗传规律研究及抗病相关基因的差异表达分析. 北京: 中国农业科学院.

魏林，梁志怀，张屹，2016. 黄瓜黑星病的发生规律及综合防治. 长江蔬菜(19): 55.

徐衍红，2017. 黄瓜黑星病的发生与防治. 上海蔬菜(3): 39.

八、大丽轮枝菌

大丽轮枝菌（*Verticillium dahliae* Kelb）属半知菌亚门轮枝菌属丝状真菌，引致棉花黄萎病1914年，Carpenter首次在美国弗吉尼亚州发现了棉花黄萎病，自发现棉花黄萎病以来，棉花黄萎病不仅蔓延至整个美国棉花栽培区，也在世界各主要产棉区相继被发现。目前，棉花黄萎病在亚洲、欧洲、非洲等的30多个国家和地区均有分布。1935年，我国从国外大量引进斯字棉种，棉花黄萎病随之传入我国，随后在山西运城、临汾，山东高密，陕西泾阳、三原，河北正定以及河南安阳等地发生危害。后来由于棉种的调运，棉花黄萎病逐步扩展到除江西、浙江以外的主要产棉区。

病害英文名：Verticillium wilt

1. 形态特征

菌丝分化产生分生孢子梗，分生孢子梗直立无色，顶端渐细具分隔，长110～130μm，其上有 2 ~ 4 层轮状分枝，分枝大小（13.7 ~ 21.4）μm×（2.3 ~ 9.1）μm。在分枝的顶端及分枝处着生分生孢子，分生孢子呈椭圆或卵圆形，无色无隔，大小为（2.3 ~ 9.1）μm×（1.5 ~ 3.0）μm。大丽轮枝菌在10 ~ 30℃均可生长发育，生长适温为20 ~ 25℃，适宜pH为5.3 ~ 7.2，相对湿度在80%以上，当环境条件不利于生长发育时，大丽轮枝菌单根或数根菌丝分隔膨大、孢壁增厚，膨大的菌丝芽殖而形成多细胞休眠结构—微菌核，大小为30 ~ 50μm。微菌核的内外层细胞壁都较厚，抵抗不良环境能力强，可以在没有寄主存在的土壤中存活10年以上，这也是导致棉花黄萎病防治难的因素之一。此外，该病菌有生理分化现象，在不同地区，不同品种上致病力存在差异，引致的棉花黄萎病是中国棉花产区的重要病害之一，防治难度极大。

2. 为害症状

大丽轮枝菌从植株根部入侵，系统侵染为害棉株，因此棉花黄萎病在植物的整个生长期均可发生。自然条件下苗期通常不表现症状，但在温室和人工苗圃里3 ~ 5片真叶期的棉苗有时也能发病，生长中后期棉花现蕾后田间大量发病，初在植株下部叶片的叶缘和叶脉间出现浅黄色斑块，后逐渐扩展，叶色失绿变浅，主脉及四周仍保持绿色，病叶呈现掌状斑驳，叶肉变厚，叶缘向下卷曲，叶片由下而上逐渐脱落，仅剩顶部少数小叶，蕾铃稀少，棉铃提前开裂，后期病株基部生出细小新枝；纵剖病茎，木质部上产生浅褐色变色条纹。夏季暴雨后出现急性型萎蔫症状，棉株突然萎垂，叶片大量脱落，造成严重减产。由于不同菌株致病力强弱不同，症状表现亦不同。根据病症的不同，可以划分为：①落叶型：该菌系致病力强。病株叶片叶脉间或叶缘处突然出现褪绿萎蔫状，病叶由浅黄色迅速变为黄褐色，病株主茎顶梢及侧枝顶端变褐枯死，病铃、苞叶变褐干枯，蕾、花、铃大量脱落，仅经10d左右病株成为光秆，纵剖病茎可见维管束变成黄褐色，严重的延续到植株顶部。②枯斑型：叶片症状为局部枯斑或掌状枯斑，枯死后脱落，为中等致病力菌系所致。③黄斑型：病菌致病力较弱，叶片出现黄色斑块，后扩展为掌状黄条斑，叶片不脱落。在久旱高温之后，遇暴雨或大水漫灌，叶部尚未出现症状，植株就突然萎蔫，叶片迅速脱落，棉株成为光秆，剖开病茎可见维管束变成淡褐色，这是黄萎病的急性型症状。

3. 寄主范围

大丽轮枝菌是一种土传维管束真菌，其寄主范围非常广泛，可侵染38科660种植物，包括23种十字花科植物、23种唇形花科植物、37种茄科植物、54种蔷薇花科植物、54种豆科植物、94种菊科植物等，一般禾本科作物如水稻、小麦、玉米、高粱等不受其侵害。此外，大丽轮枝菌的侵染能力很强，但其单菌系具有寄主特异性。来源于不同寄主植物的菌系之间致病力有很大的差异，表现的症状亦不同。

4. 发生规律

棉花黄萎病是单循环病害，为害植物的维管束。土壤中定殖的大丽轮枝菌在适宜的生长条件下萌发，产生菌丝体接触寄主的根系，从寄主的根尖部位（根毛或伤口处）穿过根系的表皮细胞，在细胞间隙中生长，继而穿过细胞壁侵入植物的维管束，菌丝和孢子大量繁殖，随寄主植物的蒸腾作用向顶部运输，完成对整株植物的侵染，同时刺激邻近的薄壁细胞产生胶状物质及侵填体而堵塞导管，使水分和养分的运输发生困难，植物萎蔫、黄化、叶片脱落甚至死亡。大丽轮枝菌在土壤中能以腐殖质为营养或在病株残体中存活，适应性很强。当遇到干燥、高温等不利环境条件时，还能产生厚垣孢子、微菌核等休眠体以抵抗不良环境，待条件适宜时萌发形成菌丝开始新一轮的侵染。

5.在中国分布区域

中国的棉花黄萎病是1935年从美国引进斯字棉种子时传入的。当时，凡是承担试种这批棉种的地区，如河南安阳、山西运城和临汾，河北正定、山东高密、陕西泾阳和三原等地，都陆续发现了棉花黄萎病，并逐年传播蔓延。到21世纪，棉花黄萎病在中国主要植棉区均有发生，北方棉区重于长江流域棉区。

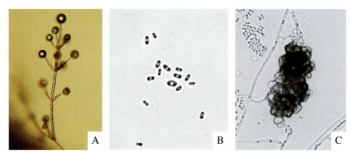

大丽轮枝菌的形态特征（胡小平　提供）
A.分生孢子梗呈轮枝状着生　B.分生孢子　C.微菌核

棉花黄萎病症状（胡小平　提供）
A.健康植株　B.落叶症状　C.非落叶症状　D.健康植株茎秆剖面　E.发病植株茎秆剖面　F.叶片症状

主要参考文献

白应文,胡东芳,胡小平,等,2011.大丽轮枝孢微菌核的形成条件.菌物学报,30(5): 695-701.

承泓良,赵洪亮,李汝忠,2016.棉花黄萎病研究与应用.济南:山东科学技术出版社.

房卫平,祝水金,季道藩,2001.棉花黄萎病菌与抗黄萎病遗传育种研究进展.棉花学报,13(2): 6-120.

胡小平,张管曲,张巍巍,等,2024.植物病原物.北京:科学出版社.

马存,2007.棉花枯萎病和黄萎病的研究.北京:中国农业出版社.

九、棉花枯萎病菌

棉花枯萎病菌 [*Fusarium oxysporum* f. sp. *vasinfectum*（Atk.）Snyder & Hansen] 有不同的生理小种,其中Race 4 危害性最大。1892年,Hansen首次在美国亚拉巴马州的酸性沙土中发现。1934年,黄方仁首次在中国江苏南通发现。随后在近1个世纪的时间内蔓延并扩散至全球主要棉花种植基地,对全球棉花的产量和品质产生巨大威胁。

病害英文名:cotton Fusarium wilt

1. 形态特征

病原菌产生3种类型的孢子,分别为小分生孢子、大分生孢子和厚垣孢子。①小分生孢子:无色,通常为单胞,少数为双胞,形状多为卵圆形,也有椭圆形、柱形、倒卵圆形或肾形的变异,无隔或有隔,小分生孢子是出现最多的孢子类型。②大分生孢子:无色,壁薄,形状多样,包括镰刀形、椭圆形弯曲、近新月形或稍直,有时呈纺锤形。顶端细胞狭窄,有时呈喙状弯曲,一般具有2～5个隔膜。③厚垣孢子:圆形,单胞,细胞壁厚,表面光滑。

2. 为害症状

棉花枯萎病从子叶期开始发病,病株矮小,蕾铃脱落率高,单株结铃数下降,铃重减轻,棉纤维强度降低,严重影响棉花产量和品质。在1～2片真叶阶段,病害严重时会造成死苗。现蕾期达到发病高峰,病株可成片死亡。受侵染后棉花根部木质部出现褐化,组织坏死。感染枯萎病的棉花症状表现常因环境条件、棉花品种类型、生育期及病原致病力等因素的不同而有所变化。

棉花枯萎病的苗期症状大致分为四种类型。①黄色网纹型:病株的真叶或子叶边缘出现黄色斑块,斑块内的叶肉保持绿色,但叶脉变黄,形成黄色网格。随后斑块扩大,网格变褐,叶片萎蔫脱落。②黄化型:真叶或子叶变黄,但不呈现网纹或网纹不明显。③紫红型:真叶或子叶变紫,叶脉也变为紫红色,随后叶片萎蔫死亡。④青枯型:叶片颜色不变或稍呈深绿,萎蔫下垂但不脱落,病株青秆死亡或半边萎垂。

成株期的枯萎病症状多表现为植株矮缩,病叶深绿、皱缩不平、较正常叶片略厚且边缘向下卷曲。发病严重的植株早期枯萎死亡,病害较轻的棉株带病存活。

3.寄主范围

棉花枯萎病菌主要为害棉花（*Gossypium hirsutum*），人工接种可侵染番茄（*Solanum lycopersicum*）、辣椒（*Capsicum annuum*）、茄子（*Solanum melongena*）、黄瓜（*Cucumis sativus*）、向日葵（*Helianthus annuus*）、豇豆（*Vigna unguiculata*）、赤豆（*Vigna angularis*）、扁豆（*Lablab purpureus*）、豌豆（*Pisum sativum*）、大豆（*Glycine max*）等40余种植物及野茄（*Solanum coagulans*）、蓟（*Cirsium japonicum*）和苍耳（*Xanthium sibiricum*）等棉田杂草。

4.发生规律

棉花枯萎病菌以厚垣孢子、分生孢子和菌丝体的形式越冬，土壤、棉籽、病残体和未腐熟的土杂肥是其主要的越冬场所，成为翌年初侵染源。

残存的棉籽壳通常为病原菌在土壤中继续生长繁殖的基质，并产生厚垣孢子，这些孢子可在土壤中存活长达15年。病原菌在田间主要通过灌溉水、农事活动和地下害虫的活动进行近距离传播，而远距离传播则主要通过带菌种子、棉籽壳或棉饼调运进行。

棉花枯萎病菌在棉株幼苗时期从地面以下侵入根系和下胚轴，通过线虫造成的伤口侵入致病率更高。病菌侵入后首先在根表皮组织和内皮层扩展，随后进入维管束中轴，从初生根皮层侵入次生根。随后，菌丝进入导管并向上纵向发展，过程中产生的小型分生孢子也随液流进入导管，到达棉株的枝叶和种子。

5.在中国分布区域

20世纪30年代，引进美国棉种时未经过检疫和消毒就直接分发至陕西、山西、山东等地种植，随后随着这些棉种的繁育和调运逐步扩展至全国。1931年中国首次报道此病

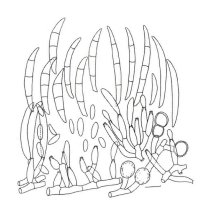

棉花枯萎病菌的分生孢子、分生孢子梗及厚垣孢子形态特征
（胡加怡 提供）

棉花枯萎病症状（胡小平 提供）
A.叶部枯萎 B.叶部网纹 C.植株根茎部纵切面
D.植株矮化萎蔫症状

害，随后科研人员分别在江苏南通、南京，上海等地报道了枯萎病的发生和危害情况。据报道，当时病害发生严重，导致2万hm²棉田绝产，每年损失棉花约10万t。

随着大量抗病品种的推广，枯萎病在我国南北棉区基本得到控制，但局部棉区仍然发生严重，特别是新疆棉区，常造成大片棉田死亡，枯萎病依然是棉花生产中的一个重要问题。

主要参考文献

陈其煐，1983.棉花枯萎病和黄萎病的综合防治.北京：科学技术文献出版社.

何旭平，潘光照，张敏健，等，1999.国外棉花枯萎病研究进展.中国棉花，26(5)：4-5.

姜腾飞，2012.棉田重要土传病原菌分子检测技术.北京：中国农业科学院.

沈其益，1992.棉花病害——基础研究与防治.北京：科学出版社.

十、松疱锈病菌

松疱锈病菌（*Cronartium ribicola* Fisch.）属担子菌亚门锈菌目，生活史为长循环型，引致的松疱锈病是世界范围内危害松树枝干的重要病害。该病害在世界多个国家地区普遍发生，目前尚无有效的防治方法。病原菌被列为国内重要的林业检疫性病原菌。

病害英文名：pine blister rust

1.形态特征

性孢子器扁平，生于皮层中，性孢子无色，梨形。锈孢子器初为黄白色，后变为橘黄色，具有由梭形细胞组成的无色囊状包被。锈孢子为球形至卵形，表面有平顶柱形疣，每个孢子都有一个微凹陷，单个孢子为鲜黄色，成堆时为橘黄色。夏孢子堆呈丘疹状突起，橘红色，具油脂光泽，破裂后出现橘红色或红褐色的粉堆。夏孢子鲜黄色，球形、卵形或椭圆形，表面有刺。冬孢子柱初为黄褐色，后呈红褐色，毛刺伸出于植物叶片组织外，直立或弯曲。

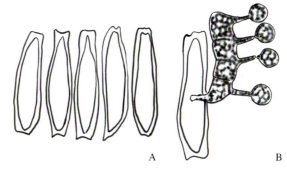

松疱锈病菌冬孢子（A）和担子及担孢子（B）形态
（王强　提供）

2.为害症状

病菌由松针侵入，逐渐向枝、干蔓延，松针被侵染后，产生黄绿色至红褐色斑点。枝干发病初期多半无明显病状，常于8月末9月初由皮下溢出橘黄色蜜滴，蜜滴消失后削皮可见血迹斑。翌年5月中、下旬由该处皮下生出疱囊，初黄白色，后为橘黄色。6月上旬疱囊破裂后，散出橘黄色至橘红色的粉末状锈孢子。当年秋季在产生疱囊的皮上部或下部再产生蜜滴。旧病皮待疱囊散后常显粗糙，且带黑色，病部微显肿胀，但木质部无明显变化，发病高度常在150cm以内。

病树新梢很短，连年发病后冠形变圆，松针淡绿无光泽，生长停滞。病皮易被小蠹虫蛀入或被野鼠啃食，从而加速病树的死亡。在转主寄主的叶背面，6—7月产生橘黄色夏孢子堆，入秋即生黄褐色至橘红色毛状物，即冬孢子堆。

松疱锈病症状（王强　提供）

3. 寄主范围

红松（*Pinus koraiensis*）、华山松（*P. armandii*）、新疆五针松（*P. sibirica*）、偃松（*P. pumila*）、台湾五针松（*P. morrisonicola*）、乔松（*P. wallichiana*）、海南五针松（*P. fenzeliana*）、北美乔松（*P. strobus*）、恰帕斯五针松（*P. pseudostrobus* var. *pseudostrobus*）和糖松（*P. lambertiana*）等松属中单维管束松亚属及带皮原木是主要寄主。

4. 侵染循环

病原菌冬孢子成熟后，当年秋季就萌发产生担孢子。担孢子借风力传播，在低温高湿条件下萌发产生芽管，由气孔侵入松针，以菌丝形态越冬。那些未落到松针上的担孢子，萌发后产生1～2次次生担孢子。松针中的菌丝翌年春季继续伸延，并向侧枝蔓延，经3～7个月，于8月末9月初产生性孢子器，泌出蜜滴，通过精孢配合后，产生双核菌丝，翌年春季产生锈孢子器，突出于枝干皮外。锈孢子成熟后借风力传播，萌发后产生芽管，通过气孔侵入茶藨子属或马先蒿属植株叶片，6～11d后在叶背产生夏孢子堆，夏孢子借风力传播成为再侵染的接种体。8月初（最早在7月初）在叶背产生冬孢子柱，成熟后冬孢子萌发产生担孢子，再借风力传播侵染松针。锈孢子出现于5月末6月初，萌发温度为4～30℃，适温为15～19℃。夏孢子萌发温度为15～20℃。冬孢子在15～19℃下萌发，产生担子和担孢子，只有在20℃以下的温度中形成的冬孢子，才能萌发并产生担孢子。那些在高于20℃的温度下形成的冬孢子，常不能萌发，或萌发后不产生担孢子。因此，锈孢子每年都可以扩散并侵染转主寄主植物，但冬孢子能否萌发并进一步产生担孢子，则取决于当年形成冬孢子时的气温，因而担孢子不是年年都能对松树进行侵染。

5. 在中国分布区域

1940年，我国东北地区首次正式记载了松疱锈病菌，目前该病已在红松、华山松、新疆五针松、偃松及乔松的适生区陆续发生。红松疱锈病主要分布在黑龙江、吉林和辽宁；新疆五针松疱锈病分布在新疆和大兴安岭；华山松疱锈病分布在山西、陕西、山东、河南、西藏、云南、四川和湖北；偃松疱锈病分布在大兴安岭和长白山；乔松疱锈病主要分布在云南和西藏。

陈守常，2008.五针松疱锈病综合治理与抗病育种.四川林业科技，29(3): 20-25.

何美军，谭玉凤，吴云鹏，2007.五针松疱锈病研究进展.防护林科技(2): 56-59.

胡红莉，2004.五针松疱锈病国内研究概况.西南林学院学报(4): 73-78.

许新玉，何德华，2010.山松疱锈病研究概述.安徽农学通报，16(21): 117-120.

主要参考文献

十一、水稻白叶枯黄单胞菌

水稻白叶枯黄单胞菌（*Xanthomonas oryzae* pv. *oryzae*）属假单胞细菌目假单胞菌科黄单胞杆菌属，引致水稻白叶枯病，主要为害水稻叶片，也可侵染叶鞘。1884年，首先在日本福冈县发现，1938年欧洲稻区曾有报道。20世纪50年代在印度尼西亚和菲律宾，60年代在马达加斯加、马里、尼日尔和塞内加尔，70和80年代在美国、澳大利亚均有发现。

病害英文名：bacterial rice blight

1. 形态特征

病原细菌短杆状，（1.0～2.7）μm×（0.5～1.0）μm，单生，单鞭毛，极生或亚极生，长约8.7μm，直径30nm，革兰氏染色阴性，无芽孢和荚膜，菌体外有黏质的胞外多糖包围。在人工培养基上菌落蜜黄色，产生非水溶性的黄色素。病菌为好气型，呼吸型代谢，能利用多种醇、糖等碳水化合物产酸，最适合的碳源为蔗糖，氮源为谷氨酸，不能利用淀粉、果糖、糊精等，能轻度液化明胶，产生硫化氢和氨，不产生吲哚，不能利用硝酸盐，石蕊牛乳变红色。病菌血清学鉴定分三个血清型：Ⅰ型是优势型，分布全国；Ⅱ、Ⅲ型仅存在于南方个别稻区。病菌生长温度为17～33℃，最适温度25～30℃，最低5℃，最高40℃，病菌最适宜pH为6.5～7.0。

2. 为害症状

病菌主要为害水稻叶片，也可为害叶鞘。症状可分为叶缘型、急性型、凋萎型和黄叶型4类。①叶缘型：最常见的典型症状。发病先从叶尖或叶缘开始，初为暗绿色水渍状短侵染线，后在侵染线周围形成淡黄白色病斑，继续扩展，沿叶缘两侧或中脉上下延伸，转为黄褐色，最后呈枯白色。②急性型：病叶产生暗绿色病斑，迅速扩展使叶变灰绿色，向内卷曲呈青枯状，此时病情急剧发展。③凋萎型：常发生在秧田后期与大田分蘖返青拔节期，病株最明显的症状是心叶或心叶下1～2叶失水，以主脉为中心，从叶缘向内卷曲，叶缘的水孔有黄色球状菌脓，其他叶片仍保持青绿。④黄叶型：不常见，病株新发叶片发黄或呈现黄绿色宽条斑，但较老的叶片正常，抑制病株的正常生长，早期的心叶不会枯死，上面有不规则的褪绿斑，后期会变成枯黄斑，病叶基部可能会有类似水渍状的小条状斑。在露水没有干或者天气潮湿时，病叶出现乳白色的点，在干后会变成黄色的胶粒，容易脱落。

3.寄主范围

水稻（*Oryza sativa*）、李氏禾（*Leersiahexandra Swartz*）、茭白（*Zizania caduciflora*）等禾本科植物。

4.侵染循环

病害的初侵染源为带菌种子、稻草及田间杂草等，生态区不同，初侵染源亦不同。南方温暖地区，田间已发病的再生稻、自生稻、野生稻或杂草寄主上存活的病菌是主要的侵染源，北方稻区则多以带菌稻草或种子为初侵染源。带菌种子和病稻草是病害远距离传播的主要途径。病斑上出现的大量菌脓随风雨或被昆虫传播至邻近的叶片上，引起再侵染。病菌主要从水孔侵入，也可从伤口侵入。秧田水中的病菌在拔秧或插秧时通过茎基部或根部伤口侵入，在维管束中扩展，引起系统侵染，表现出青枯、枯心凋萎或全株枯死等症状。从叶缘水孔或伤口侵入的病菌，在叶脉间的薄壁细胞中繁殖为害。潜育期一般为7～10d，感病品种上为5～7d，中抗品种上达10d左右。病菌从根部或茎部侵入至表现凋萎型症状的潜育期一般需15～20d。气温低于20℃时叶片不表现症状。台风暴雨常使病原在田间快速扩散，传播距离可达数百米，夏季高温干旱不利于病菌的传播与侵染。病区如大面积种植感病品种，且遇暴风雨多的年份，可引起病害大面积流行。

5.在中国分布区域

在全国各稻区均有发生，华东、华中、华南稻区发生较重。中国早在20世纪30年代即有发生，50年代长江流域以南发生较重，60年代扩展到黄河流域，70年代蔓延到东北、西北各地。

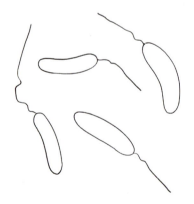

水稻白叶枯黄单胞菌（胡加怡　提供）

水稻白叶枯病叶部受害症状（张管曲　提供）

主要参考文献

李农飞，2015.水稻白叶枯病发生流行条件及防治技术.南方农业，9(30): 30-31.

沈颖、王华弟、叶建人，等，2016.水稻白叶枯病发生流行动态与防治技术研究.浙江农业科学，57 (4): 600-

603.

王华弟, 陈剑平, 严成其, 等, 2017. 中国南方水稻白叶枯病发生流行动态与绿色防控技术. 浙江农业学报, 29(12): 2051-2059.

徐坚, 沈颖, 王华弟, 等, 2016. 水稻白叶枯病的发生危害与综合防治技术探讨. 中国稻米, 22(2): 65-67.

十二、马铃薯环腐病菌

马铃薯环腐病菌 [*Clavibacter michiganense* subsp. *sepedonicum* (Spieckermann & Kotthoff) Davisetal.] 为密执安棒形杆菌马铃薯环腐亚种, 引致马铃薯环腐病, 广泛分布在北美洲、欧洲及亚洲, 如丹麦、芬兰、德国、挪威、波兰、瑞典、俄罗斯、日本、韩国等。20世纪50年代, 在我国黑龙江首次发现。

病害英文名: bacterial ring rot of potato

1. 形态特征

菌体短杆状, 有的近圆球形或棒状, 用显微镜检查新鲜培养菌时, 可见到V形、L形和Y形菌体, 大小 (0.4 ~ 0.6) μm × (0.8 ~ 1.2) μm; 无鞭毛, 不能游动; 无芽孢和荚膜, 好气型细菌, 呼吸型代谢; 革兰氏染色阳性。最适生长温度是20 ~ 23℃, 在50℃时10min致死。

2. 为害症状

马铃薯环腐病是一种维管束病害, 在生长期和贮藏期均能发生。病株茎叶和块茎都表现症状, 但因侵染程度、品种和环境条件不同, 症状表现有所变化。播种后发病造成种薯和芽苗腐烂, 使田间缺苗断垄。一般情况下, 植株多在现蕾期、开花期出现明显症状。初期症状为叶脉间褪绿变黄, 但叶脉仍为绿色, 之后叶片边缘或全叶黄枯, 病叶沿主脉向上卷曲。多从植株下部叶片开始发病, 逐渐向上发展。另一种症状类型是发生急性萎蔫。病叶青绿色, 叶缘卷曲萎垂, 发病较轻的仅部分叶片和枝条萎蔫, 发病严重的则大部分叶片和枝条凋萎, 甚至全株倒伏、枯死。晚期出现的病株, 株高、长势无明显变化, 仅收获前萎蔫。病株的茎部和根部维管束变奶黄色至黄褐色, 有时溢出白色菌脓。

染病块茎外表多无明显异常, 有的后期皮色变暗。切开块茎后, 由切面可见维管束变为淡黄色、乳黄色, 严重的一圈维管束全部变色, 病原菌侵害维管束周围的薯肉, 形成环状腐烂, 皮层与髓部分离, 但无恶臭。手捏病薯, 受害部破裂。入贮后病薯芽眼干枯变黑, 表皮龟裂。病块茎可并发软腐病, 全部软化腐烂, 有臭味。由于块茎被侵染后潜育期较长, 肉眼检查无症的块茎, 有可能已经被侵染和带菌。

3. 寄主范围

主要为害马铃薯 (*Solanum tuberosum*), 人工接种也可侵染番茄 (*S. lycopersicum*)。

4. 侵染循环

带菌种薯是田间的主要侵染来源。种薯切块播种时，切刀切过病种薯后，便沾染上病菌，再切健康块茎，就能传染。切刀切过一个病块茎后，可连续传染20多个健康块茎。播种后，被传染的薯块发病，病原菌大量繁殖，沿着维管束进入植株地上部分，引起茎叶发病。马铃薯生长后期病原菌又沿着茎部维管束，经匍匐茎侵入当季新块茎。病原菌侵入块茎后，需经40～60d的潜育期，才表现症状。收获、贮运期间，病块茎接触健康块茎而不断传染。盛装块茎的容器若附着带菌病残体，也能传病。

马铃薯环腐病菌在土壤中仅能存活很短的时间，土壤不传病，但在土壤中残留的病块茎和病残体内存活时间较长。在发病田，雨水、灌溉水虽能将病菌由病株传往健株，但实际作用不大。田间地温18～22℃时适于发病，病情发展快。地温超过31℃，高温干燥时发病受抑制，症状推迟表现。

5. 在中国分布区域

马铃薯产区普遍发生。

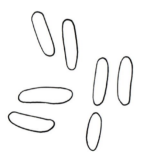

马铃薯环腐病菌（胡加怡　提供）

马铃薯环腐病症状（张管曲　提供）

主要参考文献

陈云, 岳新云, 王玉春, 2020. 马铃薯环腐病的特征及综合防治. 山西农业科学, 38(7): 140-141.

郝智勇, 2017. 马铃薯种薯环腐病形成及防治措施. 黑龙江农业科学 (4): 154-155.

邵鹏, 丁宁, 王庆军, 等, 2023. 马铃薯环腐病发生、检测及防治进展. 中国马铃薯, 37(5): 460-467.

Ma X, Perry K L, Swingle B, 2023. Complete genome sequence resource for a recently isolated potato ring rot pathogen, *Clavibacter sepedonicus* K496. Plant Disease, 107(4): 1202-1206.

十三、猕猴桃细菌性溃疡病菌

猕猴桃细菌性溃疡病菌（*Pseudomonas syringae* pv. *Actinidiae* Takikawa et al.）为丁香假单胞菌猕猴桃致病变种，属变形菌门假单胞菌属细菌，引致猕猴桃溃疡病。该病于1980年在美国加利福尼亚州和日本静冈县被发现，1983年和1984年先后进行了报道，2008年在意大利大暴发，现已广泛分布于世界各猕猴桃生产国，成为猕猴桃的一种毁灭性病害。中国于1985年在湖南省东山峰农场人工基地首次发现，随后在各猕猴桃产区陆续发生。该病原细菌被列入《全国林业危险性有害生物名单》。

病害英文名：kiwifruit bacterial canker、kiwifruit canker

1. 形态特征

菌体杆状或稍弯曲，大小为（0.5～1）μm×（1.5～4）μm。多数极生单鞭，少数具2～3根鞭毛。革兰氏染色阴性，不产生芽孢，有（无）荚膜，不积累β-羟基丁酸酯，有些菌株产生荧光色素或（和）红、蓝、黄、绿等水溶性色素，在含有蔗糖的培养基上菌落黏稠，氧化酶反应阴性，在金氏B培养基上产生黄绿色荧光反应，可使烟草幼叶产生过敏性坏死反应。

2. 为害症状

病菌主要侵染为害猕猴桃的新梢、枝蔓、叶片和花蕾，以1～2年生枝梢为主，造成枝蔓枯死，发病严重时整株枯死，一般不为害根和果实。叶片受害后出现1～3mm不规则形的暗褐色病斑，病斑外缘有明显的黄色水渍状晕圈，田间湿度大时病斑扩展迅速，病斑受叶脉限制形成角斑，重病叶向内卷曲，枯焦、易脱落。花蕾受害后，在开花前变褐枯死，花器受害，花冠变褐呈水腐状。枝条受害，初为暗绿色水渍状，变软后稍隆起变褐，产生纵向线状龟裂，并向不断伸展的新梢和茎部扩展，造成韧皮部组织下陷呈溃疡状腐烂，木质部变褐。高温高湿条件下，病部或健康部位皮孔处溢出白色或淡褐色黏质菌脓。

3. 寄主范围

病菌主要侵染为害中华猕猴桃（*Actinidia chinensis*）等猕猴桃属（*Actinidia*）植物；人工接种可寄生桃（*Prunus persica*）、杏（*P. armeniaca*）、李（*P. salicina*）、梅（*P. mume*）、樱桃（*P. pseudocerasus*）等，引起轻度发病。

4. 侵染循环

病菌主要借风、雨、嫁接等进行近距离传播，并通过苗木、接穗的调运进行远距离传播。病原菌可以在土壤中潜伏2年以上，在植株上，病原菌主要在枝干的剪口等受伤部位潜伏，展叶时向新梢及叶片传播。发病组织无论是皮层、木质部，还是中心髓都可以潜伏病原菌，其中皮层的病菌繁殖最活跃，并最先开始活动。病菌主要侵染树体营养较差的枝蔓、叶片和花蕾，引起花腐、叶枯，严重时地上部分全部枯死。病菌一般是从枝干传染到新梢、叶片，再从叶片传染到枝干。干枯落叶及土壤不具传染性。每年2月初在多年枝干上出现白色菌脓，自粗皮、皮孔、剪口、裂皮等溢出，并迅速扩散，后变淡褐色、红褐色。3月末以后，溢出的菌脓增多，病部组织软腐变黑，枝干出现溃疡斑或整株枯死，新叶出现褐色病斑，周围组织有黄色晕圈。6月后发病减轻，夏、秋、冬季处于潜伏状态。

　　猕猴桃溃疡病是一种低温、高湿性病害，容易在冷凉、湿润地区发生并造成危害。病菌对高温适应性差，在5℃时开始繁殖，生长最适温度为15～25℃，在感病后7d即可出现明显病症，30℃时短时间也可繁殖，但很快丧失侵染能力。病原菌具有寄生性弱、腐生性强的特点，侵染需要伤口存在，如冻伤、雹伤、擦伤、剪口伤、皮裂等。在发病期，风有利于病菌的传染和蔓延，一般可使病菌扩散100～300m。成年树发病重于幼年树，粗放管理园区重于精耕细作园区，衰老树重于健壮树，多雨年份重于少雨干旱年份，成片种植区重于隔离种植区，迎风带重于避风带，高寒区重于温暖区。

5. 在中国分布区域

　　猕猴桃溃疡病在北京房山，河北唐山（遵化）、保定（涞源），辽宁丹东（宽甸），河南三门峡（卢氏）、洛阳（洛宁、嵩县）、南阳（南召、西峡、内乡、淅川），湖北十堰（房县）、咸宁（通山）、恩施（建始），湖南常德（石门），四川广元（苍溪），陕西西安（长安、灞桥、鄠邑、蓝田、周至）、宝鸡（陈仓、眉县、太白）、商洛（商南）、咸阳（武功、兴平）发生，危害普遍，发病严重。

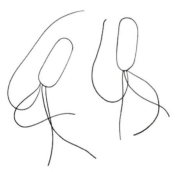

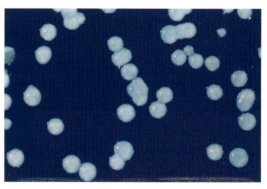

猕猴桃细菌性溃疡病菌形态特征（胡加怡　提供）　　　猕猴桃细菌性溃疡病菌菌落特征（张管曲　提供）

猕猴桃溃疡病症状（张管曲　提供）
A.叶片正面　B.叶片背面　C.枝条

主要参考文献

杜贞娜，晏子英，侯忠余，等，2021. 猕猴桃溃疡病病原菌的鉴定及生防菌的筛选. 西南农业学报，34(4)：755-762.

黄丽丽，张管曲，康振生，等，2001. 果树病害图鉴. 西安：西安地图出版社.

钟彩虹，李黎，潘慧，等，2020. 猕猴桃细菌性溃疡病的发生规律及综合防治技术. 中国果树(1)：9-13, 18.

中国植物保护百科全书编委会，2017. 中国植物保护百科全书（生物安全卷）. 北京：中国林业出版社.

十四、柑橘溃疡病菌

柑橘溃疡病菌 [*Xanthomonas campestris* pv. *sitri*（Hasse）Dyc] 为野油菜黄单胞菌柑橘致病变种，属变形菌门黄单胞菌属细菌，引致柑橘溃疡病。该病起源于印度，现存最早的病害标本于1827—1831年间采自印度西北部，标本保存于英国皇家植物园标本馆，故推测该病害在印度自古就有发生，后通过苗木接穗转移传播到南亚周边国家，再通过这些国家传播到南非、西非、南美（巴西、乌拉圭、阿根廷）以及新几内亚岛等。目前，柑橘溃疡病在全世界广泛分布，在东南亚、东北亚、大洋洲、非洲、南美洲、北美洲均有发生。1919年，在我国华南地区首次发现该菌为害甜橙、柚子和柑橘，20世纪30年代在湖南、广东、广西、浙江柑橘种植区陆续报道发生，至1989年我国14个省（自治区、直辖市）报道有该病发生。柑橘发病后可引起落叶、枯梢、落果和树势衰弱，果实品质低劣，严重影响商品价值，被列入《全国林业危险性有害生物名单》。

病害英文名：citrus bacterial canker、citrus canker

1. 形态特征

菌体杆状，单胞，极生单鞭毛，有荚膜，无芽孢。革兰氏阴性菌，专性好氧。在牛肉汁蛋白胨琼脂培养基上菌落呈蜡黄色，全缘，圆形，表面微突，光滑，黏稠。细菌生长温度范围为7～30℃，适温为25～27℃，低于5℃或超过40℃不能生长。

病菌有明显的致病力分化。根据地理分布和对寄主植物的致病力差异，病菌可分为A、B、C、D、E共5个菌系。A菌系致病力最强，严重侵染葡萄柚、莱檬、柠檬和甜橙，轻度侵染宽皮柑橘类；B菌系严重侵染莱檬、柠檬，轻度侵染葡萄柚、甜橙和宽皮柑橘类；C菌系严重侵染莱檬，不侵染其他种类；D菌系在自然条件下只侵染莱檬的幼叶、嫩梢，不侵染果实；E菌系致病力最弱，主要营腐生生活，仅侵染砧木斯文格枳柚（*Swingle citrumelo*）的叶片、枝条和嫩梢，产生不规则至圆形、扁平水渍状、中心坏死、周围有绿色晕圈的病斑。中国、日本、印度的溃疡病菌属于A菌系。

2. 为害症状

柑橘受害后，叶片出现褐色或灰褐色圆形病斑，直径3～5mm，正反两面稍隆起；病部表皮绽裂，呈海绵状，表面木栓化，粗糙，中心凹陷或呈火山口状开裂，周围有黄色或黄绿色晕圈，边缘水渍状，有时几个病斑相连，形成不规则形大病斑。潜叶蛾幼虫为害造成的虫道周围通常病斑较多，且多个连成一片。新梢病斑比叶片上的明显隆起，但周围无黄晕，发病严重时病叶脱落，枝梢枯死。果实上病斑木栓化程度最高，病果病斑坚硬粗糙，未成熟的青果病斑周围有油渍状边缘和黄晕，果实成熟后黄晕消失。潮湿条件下，枝、果病斑上有菌脓溢出。

3. 寄主范围

侵染芸香科（Rutaceae）柑橘属（*Citrus*）、枳属（*Ponciru*）、柚子属（*medica*）植物。

4. 侵染循环

病原菌潜伏在柑橘枝条和叶片的病斑中越冬，秋梢病斑尤其重要，是最主要的初侵染来源。病菌有潜伏侵染现象，未显症的寄主组织也是重要越冬场所。翌年春季，环境条件适宜时，潜伏于寄主病组织内的细菌，经过大量繁殖以后，形成菌脓自病部溢出，借助风雨和昆虫进行传播，侵染柑橘的嫩梢、嫩叶和幼果，完成初侵染，病、健枝叶接触也能传播。新病斑上产生的菌脓可以不断进行再侵染。病菌靠带菌种子、接穗、苗木和果实调运进行远距离传播。

柑橘种类和品种不同，对溃疡病的抗病性有明显差异，葡萄柚、莱檬、甜橙和柠檬最易感病。甜橙、柳橙、香橙、大红橙、沙田柚、文旦、葡萄柚、柠檬和枳橙感病。柑橘小苗、幼树以及新梢、幼果感病。疫区种植感病品种，是引起溃疡病大流行的主要原因。柑橘春梢期、夏梢期和秋梢期温暖多雨，有利于病害大发生，雨量与病害严重度呈正相关；遭风暴袭击、害虫危害，柑橘枝叶受伤，则病害加剧。过多施用氮肥致柑橘抽梢多而不整齐，梢期延长，新梢老熟慢，发病重。

5. 在中国的分布区域

除四川大部分地区、贵州部分地区外，全国柑橘产区都有不同程度发生，其中以广东、广西、浙江、江西和福建发生最为普遍，危害严重。

柑橘溃疡病菌形态特征（胡加怡 提供）

柑橘溃疡病症状（张管曲 提供）

主要参考文献

黄丽丽,张管曲,康振生,等,2001.果树病害图鉴.西安:西安地图出版社.

罗旭钊,朱韬,郝晨星,等,2022.湖南柑橘溃疡病菌的多态性鉴定及致病力分析.湖南农业大学学报(自然科学版),48(6):691-698.

魏楚丹,丁铘,叶淦,等,2014.广东和江西省柑橘溃疡病菌的遗传多样性分析.华南农业大学学报,35(4):71-76.

中国植物保护百科全书编委会,2017.中国植物保护百科全书(生物安全卷).北京:中国林业出版社.

十五、十字花科细菌性黑斑病菌

十字花科细菌性黑斑病菌 [*Pseudomonas syringae* pv. *maculicola*（McCulloch）Young *et al.*] 为丁香假单胞菌斑点致病变种。1911年,首次在美国报道,到目前为止至少在北美洲、南美洲、欧洲、亚洲、大洋洲等的32个国家的25种十字花科蔬菜上引起病害。2002年,首次在我国湖北省长阳县的萝卜上发现,发病面积1 400hm²,其中330hm²实际产量损失达30%~50%,140hm²损失50%以上,6hm²绝收。十字花科细菌性黑斑病菌是典型的种传病原细菌,根据其危害特性及重要性,我国分别于2007年和2009年将其列入《中华人民共和国进境植物检疫性有害生物名录》和《全国农业植物检疫性有害生物名单》。

病害英文名:brassicaceae bacterial black spot

1. 形态特征

菌体短杆状,无芽孢,大小为（1.3~3.0）μm×（0.7~0.9）μm,有1~5根极生鞭毛,革兰氏染色呈阴性,好气型。在肉汁蛋白胨琼脂培养基上菌落呈云雾状,平滑、有光泽,白色至灰白色,边缘整齐,质地均匀,培养后期具皱褶。在KB培养基上产生蓝绿色的荧光。

2. 为害症状

该菌主要为害各种十字花科蔬菜,如白菜、花椰菜、萝卜等,也可为害辣椒、番茄等。寄主叶、茎、花梗、角果和根头部均可受害。叶片背面初生水渍状不规则形绿色至淡褐色小斑点,斑点多发生在气孔处,因受叶脉限制表现为角斑,病斑中间色深发亮具油光,薄纸状,易破裂,数个病斑常融合成不规则坏死大斑,严重的叶脉变褐,叶片变黄脱落或扭曲变形,只剩叶梗和主叶脉。叶片正面也对应地产生斑块,病斑融合后形成不规则形坏死斑,直径可达2~4cm,高湿时叶背病部有污白色菌浓。茎和荚染病可产生深褐色不规则条状斑。叶柄、茎和花梗上生椭圆形至条形病斑,水渍状,褐色或黑褐色,有光泽,凹陷。角果上病斑圆形或不规则形,黑褐色,稍凹陷。萝卜根头部生黑褐色不规则形斑纹。

3. 寄主范围

十字花科的花椰菜（*Brassica oleracea* var. *acephala*）、甘蓝（*B. oleracea* var. *capitata*）、

芥菜（*B. juncea*）、油菜（*B. campestris*）、芜菁（*B. rapa*）、萝卜（*Raphanus sativus*）、菠菜（*Spinacia oleracea*）等，茄科的番茄（*Solanum lycopersicum*）、辣椒（*Capsicum annuum*）等。

4. 侵染循环

　　病原菌在土壤中的病残体上以及越冬的十字花科蔬菜和各种杂草上存活越冬，为主要初侵染来源，种子带菌是长距离传播的主要方式。在生长季节病原细菌可随风雨、灌溉水、昆虫、被污染的农机具和农事操作在植株间传播，发生多次再侵染。阴雨连绵、雾大露重的天气适于发病。

　　该病的防控首先要加强对甘蓝等十字花科蔬菜种子的进口检疫，杜绝带菌种子进境，防止在我国传播蔓延。在播种前对种子进行消毒：用50℃温水浸种20min后移入凉水中冷却，催芽播种。与非十字花科蔬菜实行2年以上的轮作或与水稻轮作。选育和种植抗病品种也是控制该病的可行途径。

5. 在中国分布区域

　　局部地区发生。

十字花科细菌性黑斑病菌为害白菜（A）和萝卜（B）症状（张管曲　提供）

主要参考文献

王道泽，张莉丽，陶中云，等，2016. 实时荧光定量PCR法检测十字花科细菌性黑斑病菌. 植物保护学报，43 (4): 559-566.

王华杰，史晓晶，赵廷昌，等，2009. 十字花科蔬菜细菌性黑斑病研究概述. 菌物研究，7 (3 /4): 218-220.

许志刚，沈秀萍，赵毓潮，2006. 萝卜细菌性黑斑病的检测与防治. 植物检疫，20 (6): 392-393.

叶露飞，周国梁，印丽萍，等，2015. 进境油菜籽中十字花科黑斑病菌的检测. 植物病理学报，45 (4): 410-

417.

于璇, 王卫芳, 李献锋, 等, 2021. PMA-qPCR检测十字花科黑斑病菌活菌方法的建立. 植物检疫(4): 49-54.

Cintas N A, Koike S T, Bull C T, 2002. A new pathovar, *Pseudomonas syringae* pv. *alisalensis* pv. nov., proposed for the causal agent of bacterial blight of broccoli and broccoli Raab. Plant Disease, 86(9): 992-998.

Morris C E, Monteil C L, Berge O, 2013. The life history of *Pseudomonas syringae*: linking agriculture to earth system processes. Annual Review of Phytopathology, 51: 85-104.

十六、瓜类细菌性果斑病菌

瓜类细菌性果斑病菌（*Acidovorax citrulli*）为嗜酸菌属西瓜种，其分类地位由类产碱假单胞菌西瓜亚种（*Pseudomonas pseudoalcaligenes* subsp. *citrulli*）变更为西瓜嗜酸菌（*Acidovorax citrulli*），引致瓜类细菌性果斑病。1965年，Webb和Goth首次在美国佛罗里达州的西瓜上发现该菌，随后由佛罗里达州蔓延至美国的9个州，导致美国西瓜产业几乎毁灭。该病原菌被列入《中华人民共和国进境植物检疫性有害生物名录》。

病害英文名：bacterial fruit blotch

1. 形态特征

为革兰氏阴性菌，严格好氧，不产生芽孢，菌体大小为（0.2 ~ 0.8）μm×（1 ~ 5）μm，呈短杆状，极生鞭毛。该病菌可在不同的培养基上生长，在KB培养基上生长缓慢，2d仅有少数单菌落，菌落圆形、乳白色、不透明、无荧光、较光滑、中央稍微突起，30℃下培养5d后菌落直径大小为2 ~ 3mm。

2. 为害症状

病菌可侵染西瓜、甜瓜等多种葫芦科作物，从种子发芽到果实成熟的各个生长期均可引发病害。幼苗发病的典型症状包括子叶上出现水渍状病斑，随后子叶和下胚轴逐渐形成坏死斑点，最终导致幼苗萎蔫甚至枯死。在西瓜果实上，初期病斑很小，呈不规则水渍状，随后病斑扩展变成褐色，最终可能导致果实开裂。甜瓜果实的病斑相对较小，略微凹陷，初期呈水渍状，圆形或椭圆形，但扩展不明显，颜色逐渐变深，果皮裂开，严重时果肉内部组织腐烂。病斑沿主脉扩展，在西瓜叶片上呈深褐色或黑褐色，而甜瓜叶片上的病斑则呈浅褐色。

3. 寄主范围

病原菌可侵染西瓜（*Citrullus lanatus*）、甜瓜（*Cucumis melo*）、南瓜（*Cucurbita moschata*）、黄瓜（*Cucumis sativus*）等多种葫芦科作物，严重时会对西瓜和甜瓜种植业造成重大经济损失和影响。

4. 侵染循环

病原菌可附着在种子表面，也能存活于种子内部组织，带菌种子是该病害主要初侵染源。土壤中的病残体和田间的自生瓜苗也可成为该病害的侵染源。带菌种子发芽后，病菌会侵染幼苗的子叶和真叶，叶片背面出现黑色水渍状病斑，迅速坏死或出现菌脓，并通过雨水、风及农事操作等途径在田间扩散，导致多次再侵染。

　　病原菌通过伤口或气孔侵入果实，幼果表面形成不明显的病斑，但随着果实成熟，病斑会扩大。侵染中后期，在适宜的外界条件下，3～5d内就会出现明显病斑，有时果皮龟裂，并有淡褐色菌脓泌出，成为重要的二次侵染源。该病菌喜欢温暖、湿润的环境条件，在炎热、强光照条件及下午雷雨过后，叶和果实上的病斑迅速扩展，而在凉爽、阴雨天气下，病害一般不会明显发展。

5. 在中国分布区域

　　1992年，首次在东北和西北的西瓜产区发现瓜类细菌性果斑病。此后，该病害在全国范围内传播，主要包括新疆、内蒙古、海南、北京、云南、福建、台湾、山东、吉林和辽宁等地。近年来，瓜类细菌性果斑病频发，给西瓜和甜瓜产业带来了巨大损失，严重限制了我国瓜类产业的发展。

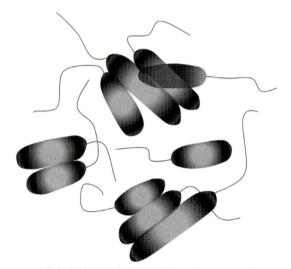

瓜类细菌性果斑病菌形态特征（王强　提供）

瓜类细菌性果斑病菌侵染西瓜症状（王强　提供）
A、B.腐烂果实　C.叶部黑褐色病斑

主要参考文献

阎莎莎, 王铁霖, 赵廷昌, 2011. 瓜类细菌性果斑病研究进展. 植物检疫, 25 (3): 71-76.

张老章, 张树琴, 陈辉, 等, 1992. 一种新的西瓜细菌性病害. 植物保护, 18 (3): 52.

张祥林, 莫桂花, 1996. 西瓜上的一种新病害——细菌性果斑病. 新疆农业科学, 33(4): 183-184.

Ofir B, Burdman S, 2010. Bacterial fruit blotch: a threat to the cucurbit industry. Israel Journal of Plant Sciences, 58(1): 19-31.

Rane K K, Latin R X, 1992. Bacterial fruit blotch of watermelon: Association of the pathogen with seed. Plant Disease, 76(5): 509-512.

十七、辣椒细菌性斑点病菌

辣椒细菌性斑点病菌 [*Xanthomonas campestris* pv. *vesicatoria*（Doidge）Dye] 引致斑点病，又称疮痂病，俗称"落叶瘟"。1914年，Ethel M. Doidge首次在南非发现该病菌，主要为害辣椒地上部分，造成叶斑、果斑及枝干溃疡等症状。细菌性斑点病不仅能降低辣椒产量，而且还严重影响辣椒品质。目前，该病害对全球的辣椒和番茄产业造成严重威胁，病害大流行时产量损失可高达50%。

病害英文名：pepper bacterial leaf spot

1. 形态特征

辣椒细菌性斑点病由油菜黄单胞杆菌斑点致病变种 [*Xanthomonas campestris* pv. *vesicatoria*（Doidge）Dowson] 引起。菌体杆状，两端钝圆，大小为（1.0 ~ 1.5）μm×（0.6 ~ 0.7）μm，极生单鞭毛，能游动；菌体排列成链状，有荚膜、无芽孢；革兰氏染色阴性，好气。病菌发育适温为27 ~ 30℃，最高40℃，最低5℃。

油菜黄单胞杆菌斑点致病变种形态特征
（王强　提供）

2. 为害症状

辣椒细菌性斑点病主要发生在幼苗，叶片、叶柄、茎、果实和果柄等部位症状明显，尤以叶片受害最为普遍。

幼苗发病时，子叶上出现银白色小斑点，呈水渍状，随后变为暗色凹陷病斑。幼苗受侵染常引起落叶，最终导致植株死亡。

成株期叶片发病初期表现为水渍状黄绿色小斑点，后逐渐扩大成圆形或不规则形，边缘暗褐色且稍隆起，中部颜色较淡并稍凹陷，表皮粗糙呈疮痂状。部分叶片上表现出褐色不规则病斑，病斑边缘隆起，连在一起，周围大片黄褐色；有的叶片上的病斑多且小，近圆形，边缘黑褐色，中间黄褐色；有的沿着叶缘发病，形成黄褐色和暗褐色连片病斑。受害严重时，叶缘和叶尖常变黄干枯，更严重时叶片破裂穿孔，甚至整片叶变黄干枯并脱落；若病斑沿叶脉发生，常导致叶片畸形；当病原菌侵染生长点时，新生叶变褐萎蔫，干枯死亡。

茎秆发病初期表现为出现水渍状不规则条斑，随后木栓化隆起，纵裂呈溃疡状疮痂斑。叶柄和果柄上的病斑与茎上的病斑相似。

果实上初期为黑色或褐色小点，或为具狭窄水渍状边缘的疮斑，逐渐扩大为 $1 \sim 3\mu m$ 稍隆起的圆形或长圆形黑色疮痂斑，病斑边缘有裂口，早期有水渍状晕环，空气潮湿时病部溢出细菌菌脓，干后形成一层发亮的薄膜。

辣椒细菌性斑点病病斑（王强　提供）

3. 寄主范围

寄主作物有辣椒（*Capsicum annuum*）、番茄（*Solanum lycopersicum*）、马铃薯（*S. tuberosum*）、龙葵（*S. tuberosum*）和茄（*S. melongena*）等，其中辣椒和番茄是病原菌的主要寄主。

4. 侵染循环

辣椒细菌性斑点病是种传病害，种子带菌率高。病原菌附着在种子表面越冬，成为来年发病的初侵染源。病菌也可以随病残株在土壤中越冬，通过雨水、昆虫和农事作业传播到健康作物的茎、叶、果实上，从气孔或伤口处侵入。植株发病后，病部溢出菌脓液，进一步传播扩散。带病的种子还可远距离传播病害。该病多发于高温多雨的季节，大风大雨及大雾结露都容易造成田间病害大流行。

5. 在中国分布区域

1991—1993年，在内蒙古呼和浩特、包头，山西大同，北京，新疆石河子和阜康，山东及云南等地的辣椒和番茄上持续发生和蔓延，造成了严重损失。2007—2009年，在安徽合肥、河北保定、内蒙古通辽、山西朔州、山东泰安、福建福州、江苏邳州、北京延庆、陕西杨凌、新疆吉木萨尔以及黑龙江双城等地的辣椒或番茄上普遍发生。目前，该病害在全国范围内普遍存在。

主要参考文献

杜志强, 孙福在, 1994. 辣椒、番茄细菌性斑点病国内外研究进展. 植物检疫, 8(6): 358-360.

王惟萍, 李宝聚, 李金萍, 等, 2011. 李宝聚博士诊病手记 (三十二) 辣椒细菌性疮痂病发生规律与防治方法. 中国蔬菜 (3): 27-29.

姚明华, 李宁, 王飞, 2013. 辣椒疮痂病抗性研究进展. 辣椒杂志, 11(3): 35-41.

十八、李属坏死环斑病毒

李属坏死环斑病毒（Prunus necrotic ringspot virus，PNRSV）属雀麦花叶病毒科等轴不稳环斑病毒属，引致李属坏死环斑病。1932年，该病害首次在美国纽约州的李和桃树上发现。随着国际贸易和交流的日趋扩大，该病毒在世界范围内迅速传播和蔓延，现已遍及亚洲、非洲、北美洲、南美洲、欧洲及大洋洲的40多个国家和地区，成为世界上分布最广、经济危害最严重的李属病毒。一般情况下，导致的产量损失可达30%～57%。我国最早于1996年在山东、辽宁发现，此后陕西、北京、浙江、新疆、四川和湖北等地均有发生报道，对我国北方的果树种植业构成严重威胁，该病毒被列入《中华人民共和国进境植物检疫性有害生物名录》和《全国农业植物检疫性有害生物名单》。

病害英文名：prunus necrotic ringspot virus

1. 形态特征

该病毒粒子形态为等轴对称多面体，直径为22～23nm，沉降系数为79～119S，分子量为（5.2～7.3）×10⁶，RNA约占粒体重量的16%。

2. 为害症状

李属植物感染PNRSV后发生坏死环斑病，症状主要出现在尚未展开的幼叶上，典型症状是新叶上出现坏死环斑或黄条斑，坏死斑中心脱落，出现孔洞，重者只剩下花叶状叶架。

该病毒在不同植物上引发的症状各异：①对李属类果树危害较大，主要集中在叶片上。苹果感染后可出现斑驳型、花叶型、条斑型、环斑型及镶边型等叶部症状，导致提前落叶和果实品质下降；桃和樱桃的症状主要表现在春季叶片上，出现褪绿环斑、坏死斑和穿孔现象等。②该病毒也可侵染黄瓜等经济作物，造成叶片局部褪绿和系统性坏死，严重时会导致植株矮小。③该病毒还可侵染月季、玫瑰等观赏类作物，受害植物会出现黄色花叶、褪绿线纹、环斑、脉带、橡叶纹和水渍状条纹等叶部症状，茎部可见鲜黄斑块或枯死，植株表现矮化。

李属坏死环斑病的发病条件与温度关系密切，在春季李属植物展叶时症状较为明显，温度稍高时症状潜隐，因此夏季很少看到典型症状。

3. 寄主范围

李属坏死环斑病毒可侵染47属189种植物，自然和人工接种侵染的寄主主要有苹果（*Malus domestica*）、桃（*Prunus persica*）、杏（*P. armeniaca*）、樱桃（*Cerasus pseudocerasu*）、豌豆（*Pisum sativum*）、向日葵（*Helianthus annuus*）等。

4. 侵染循环

李属坏死环斑病毒病在西安市周年发生消长，历经始发期、快速增长期、稳定期、衰退期4个阶段，1年具有两个发病高峰。3月底至4月初为病害始发期，随后快速增长，到5月底至6月上旬达第一个发病高峰，7—8月由于气温偏高，抑制病害发生，处于稳定期，9月又达一个小的发病高峰，10月以后随着气温的降低，病害减轻。自然状态下，种子、苗木是主要的传播来源。尤其是李属植物，种传率高达70%。目前没有发现昆虫介体传播，菟丝子不能传毒。人工条件下，嫁接可以传播扩散病毒，汁液摩擦传播难度因病毒株系而异。

5. 在中国分布区域

主要分布于陕西、山东、河北、辽宁、浙江等地果树种植区。

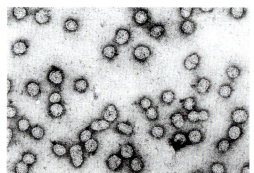

李属坏死环斑病毒粒子形态（王强　提供）

不同寄主上的病害症状表现（王强　提供）
A.具有穿孔症状的樱桃树叶　B.表现环斑、黄化和穿孔的桃树叶片

主要参考文献

崔红光, 2014. 李属坏死环斑病毒遗传多样性分析和致病相关基因鉴定. 武汉: 华中农业大学.

李明福, 张永江, 黄冲, 等, 2005. 北京怀柔地区樱桃上发现李属坏死环斑病毒. 植物病理学报, 35(6): 552-554.

李正男, 董雅凤, 张双纳, 等, 2017. 辽西李属坏死环斑病毒检测及其多样性分析. 植物病理学报, 47(1): 15-25.

张涛, 曹瑛, 冯渊博, 等, 2010. 西安市李属坏死环斑病毒病发生与风险分析. 植物检疫, 24(2): 28-31.

十九、番茄黄化曲叶病毒

番茄黄化曲叶病毒（Tomato yellow leaf curl virus，TYLCV）属双生病毒科菜豆金色花叶病毒属，为单链环状DNA病毒（single stranded DNA，ssDNA）。1930年，首次发现于以色列，可为害多种经济作物，在全球30多个国家蔓延和暴发，造成巨大经济损失。

病害英文名：tomato yellow leaf curl virus disease

1. 形态特征

病毒粒子为双联体结构，由2个不完整的二十面体组成。

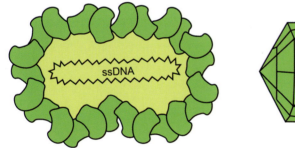

番茄黄化曲叶病毒粒子形态（王强 提供）

2. 为害症状

番茄黄化曲叶病毒引起的病毒病症状常与施肥不当、生长调节剂使用不合理、缺乏维生素等非侵染性病害的症状相似，容易混淆。番茄黄化曲叶病毒病的主要症状包括花叶或出现黄绿相间的斑块，叶片变小变厚且皱缩，叶质脆硬，叶缘向上卷曲，叶背和叶脉呈紫色，叶片逐渐枯焦；病株生长迟缓或停滞，矮化，坐果少；果实小，畸形，着色慢且不均匀，果肉硬，含水量低，味酸，部分果实开裂，有些果实不能正常转色、转色不均匀或转为褐色，不能正常膨大和成熟。

3. 寄主范围

番茄黄化曲叶病毒寄主范围广，可为害多种

番茄黄化曲叶病毒病症状（王强 提供）

经济作物，除番茄以外还可侵染烟草（*Nicotiana tabacum*）、南瓜（*Cucurbita moschata*）、辣椒（*Capsicum annuum*）、茄（*S. melongena*）以及各种豆类等。

4. 侵染循环

番茄黄化曲叶病毒通过烟粉虱等介体昆虫传播，但不经卵传播。感染病毒的植物产生的病毒颗粒会进入介体昆虫的唾液，并在它们取食其他植物时传播到新的寄主植物上。

5. 在中国分布区域

番茄黄化曲叶病毒在中国广泛分布。该病毒约在2000年传入中国，并逐步由南向北、由东向西快速扩散。2005年，华南、华东、华北等地大面积暴发。2009年，该病害在陕西西安、咸阳零星发生，2010年陕西全省范围内大面积暴发，近10年来一直处于常发态势。

主要参考文献

李英梅, 刘晨, 王周平, 等, 2020. 陕西番茄黄化曲叶病毒病成灾原因分析. 陕西农业科学, 66(11): 41-43.
刘剑峰, 肖启明, 张德咏, 等, 2013. 番茄黄化曲叶病 (TYLCV) 的研究进展. 中国农学通报, 29(13): 70-76.
孙作文, 高建昌, 吴青君, 2009. 番茄黄化曲叶病毒病. 中国蔬菜(21): 54.
张加放, 李伟, 2008. 番茄黄化曲叶病毒病发病症状、原因及综合防治. 上海农业科技(2): 103.

二十、甜菜坏死黄脉病毒

甜菜坏死黄脉病毒（Beet neccrotic yellow vein virus，BNYVV）引致甜菜丛根病，是典型的土传病害，其传播媒介为甜菜多粘菌（*Polymyxa betae*）。20世纪50年代，该病毒首先在日本和意大利被发现，随后在欧洲和亚洲扩散，对全世界的甜菜产业造成重创。

病害英文名：beet neccrotic yellow vein virus disease

1. 形态特征

病毒粒子是由2个RNA分子、3～5个类似卫星RNA分子和21KD的外壳蛋白构成。病毒粒子呈直杆螺旋体形态，螺距为2.6nm。

2. 为害症状

甜菜受病毒侵染后，病毒通常局限在根部，偶尔扩散至整株，且浓度较低。侧根中病毒浓度比主根高，在成熟的甜菜块根中，尖端部位的病毒浓度最高。

甜菜丛根病上部的症状多样，主要分为坏死黄脉型（叶片沿叶脉呈鲜黄色至橙黄色并最终坏死）、黄化型（叶片变淡黄色至黄绿色，严重时接近白色）、黄色焦枯型（叶片主脉间出现大面积褐色坏死，叶片下垂），其中黄色焦枯型的病株含毒量极高，但在田间较为罕见。总体而言，甜菜丛根病导致主根生长不良，须根异常增多，且伴随大量的次生侧根生长，维管束逐渐变黄褐色至黑褐色。

甜菜丛根病导致植株根系受损，影响其吸收水分和营养，进而抑制地上部分的生长。相较于健康甜菜，受侵染的植株茎叶生长缓慢，单株叶片面积减小，块根生长迟缓，同时光合产物向根部的转运也受到阻碍，这是导致甜菜含糖量显著降低的主要原因。

3.寄主范围

寄主范围窄，甜菜（*Beta vulgaris*）是主要自然寄主，经人工汁液接种可侵染藜科（Chenopodiaceae）、番杏科（Aizoaceae）和苋科（Amaranthaceae）的15种植物。

4.侵染循环

甜菜多粘菌在其生命周期中产生两种类型的孢子，包括休眠孢子和运动型蝌蚪状游动孢子。这种真菌以壁厚、寿命长的囊孢子（休眠孢子）形式存在于土壤或根残渣中，使得病毒病原体在缺乏寄主的条件下能够在土壤中存活多年。当土壤湿度高且温度适宜时，囊孢子会发芽释放带毒的游动孢子。游动孢子会定位并附着在寄主上，随后囊化并侵入细胞，将携带病毒病原体颗粒的细胞质注入植物体内。

5.在中国分布区域

甜菜丛根病广泛分布于全球甜菜种植区域。中国在1978年首次发现于内蒙古包头市郊区甜菜种植区，目前已在内蒙古、甘肃、宁夏、新疆、黑龙江等主要甜菜产区广泛发生，其中内蒙古、新疆、宁夏为重灾区。感染的甜菜产量减少50%～70%，同时含糖率也减少2%～4%，严重威胁着甜菜的生产。

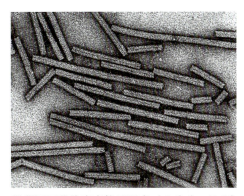

甜菜坏死黄脉病毒粒子形态（安德荣　提供）

甜菜丛根病症状（安德荣　提供）
A.矮化、枯萎、黄化　B.须根　C.纵切根坏死黄化

主要参考文献

邓峰,1991.甜菜丛根病研究.甜菜糖业(1): 6-19.

高锦梁,邓峰,翟惠琴,等,1983.在我国发生的甜菜坏死黄脉病毒病.植物病理学报,13(2): 1-4.

李彦丽,齐兴亚,2001.我国甜菜丛根病研究进展.中国糖料,23(1): 36-40.

杨继春,秦树才,阎新元,等,2003.甜菜丛根病的发生与防治研究概述.中国甜菜糖业(3): 24-31.

二十一、烟草环斑病毒

烟草环斑病毒(Tobacco ringspot virus,TRSV)属豇豆花叶病毒科线虫传多面体病毒属,是双向正义链RNA病毒,广泛分布于世界各地的烟草种植区。1927年该病毒首次在美国弗吉尼亚州的烟草田中被发现。烟草环斑病毒被列入《中华人民共和国进境植物检疫性有害生物名录》。

病害英文名:tobacco ringspot virus disease

1. 形态特征

病毒粒体为球状等轴二十面体,直径28nm。基因组含两条正义单链RNA,RNA1编码复制酶,RNA2编码运动蛋白和衣壳蛋白。

2. 为害症状

寄主在整个生育期内易受病毒侵染,症状因寄主不同而有所差异。其中,该病毒引起的大豆芽枯病造成的损失较大,最明显的症状是顶芽弯曲,受感染植株上的其他芽变棕、变脆;较大叶片的茎和叶柄上会出现棕色条纹,导致荚不发育和脱落。

受感染植株的初期症状为叶片上出现褪绿斑,随后形成直径4～6mm的1～3层同心坏死环斑或弧形波浪线条斑,周围有褪绿晕圈。大叶脉上的病斑不规则,沿主脉和支脉发展呈条纹状,导致叶片断裂枯死。叶柄和茎上的病斑为褐色条状,下陷溃烂。生长后期,新生叶及腋芽上可能出现同心坏死环斑。早期感染的重病植株矮化,叶片变小变轻,结实少或不结实。

3. 寄主范围

TRSV可以侵染54科300多种植物,自然寄主包括豆科(Fabaceae)、茄科(Solanaceae),越橘属(*Vaccinium*)、辣椒属(*Capsicum*)、葫芦属(*Lagenaria*)、悬钩子属(*Rubus*)、葡萄属(*Vitis*)、李属(*Prunus*)和天竺葵属(*Pelargonium*)植物,重要的有烟草(*Nicotiana tabacum*)、西瓜(*Citrullus lanatus*)、黄瓜(*Cucumis sativus*)、西葫芦(*Cucurbita pepo*)、大豆(*Glycine max*)、向日葵(*Helianthus annuus*)、莴苣(*Lactuca sativa*)、番茄(*Solanum lycopersicum*)、马铃薯(*Solanum tuberosum*)、菠菜(*Spinacia oleracea*)等。

4. 侵染循环

TRSV可在二年生或多年生杂草寄主以及烟草和大豆种子上越冬，带毒的越冬寄主和带毒种子都可以成为初侵染源。病害在烟田可通过汁液摩擦、嫁接传播，也可通过烟蚜、线虫及烟蓟马等媒介传播。

5. 在中国分布区域

该病害在我国主要分布于陕西、河北、黑龙江、河南、湖南、吉林、辽宁、山东、四川、台湾、云南及浙江等地。

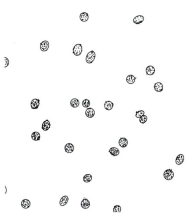

烟草环斑病毒粒子形态（王强　提供）

病毒环斑病毒病症状（王强　提供）

主要参考文献

陈燕芳，陈京，宋淑敏，等，1999. 烟草环斑病毒的检疫检测方法. 植物检疫，13(4): 24-26.

黄江华，陈秀菊，彭仁，等，2008. 烟草环斑病毒研究进展. 现代农业科学(1): 24-27.

杨伟东，郑耘，陈枝楠，等，2007. 烟草环斑病毒RT-Real time PCR检测方法. 植物保护学报，34(2): 157-160.

Li J L, Cornman R S, Evans J D, et al., 2014. Systemic spread and propagation of a plant-pathogenic virus in European honeybees, *Apis mellifera*. MBio, 5(1): 00898-13.

二十二、马铃薯腐烂茎线虫

马铃薯腐烂茎线虫属于植物寄生线虫，主要分布于南美洲、北美洲、欧洲、亚洲以及澳大利亚和南非等一些地区和国家，1937年由日本传入我国。据统计，马铃薯腐烂茎线虫病可造成马铃薯减产20%～30%，严重时减产40%～50%，甚至绝收，严重威胁马铃薯相关产业的发展。

英文名：potato rot nematode

1. 形态特征

马铃薯腐烂茎线虫（*Ditylenchus destructor*）成熟的雌虫和雄虫都是细长蠕虫形，雌虫一般大于雄虫。虫体前端的唇区较平，尾部长圆锥形，末端钝尖。虫体表面的角质膜上有细的环纹，但唇部的环纹不清楚。角质膜上有侧带，侧带上呈现6条明显的纵行侧线。雌虫的阴门大约位于虫体后部的3/4处。食道属垫刃型，口针较细小，长13～14μm，有基部球。中食道球卵圆形，有瓣。食道腺很明显，近乎前窄后宽的圆锥形，后部常延伸覆盖在肠的前端，但有时覆盖不明显。

神经环位于食道峡部的偏后位置，颈乳突和侧尾腺都未见到。雌虫单卵巢，前伸，无曲折，卵巢的起点常接近于肠的前端。发育中的卵圆细胞大多排成双行。卵的大小为（44.2～83.7）μm×（22.1～41.0）μm，雌虫体宽37.9～60.0μm。卵长大于体宽，卵宽约为卵长的一半。后阴子宫囊明显，伸展长度一般为阴门到肛门距离的2/3。雄虫有一个睾丸，前端起始位置与卵巢相似，发育中的精原细胞排列成单行。雄虫有一对交合刺，略弯曲，后部较宽，末端尖，在每个交合刺的宽大处有两个指状突起。

2. 为害症状

马铃薯受害症状：腐烂茎线虫主要为害马铃薯块茎，其次为害幼苗根部及茎部。块茎受害部位的表皮初期呈灰色，并伴有白色粉状斑点，随着病情发展，病部颜色逐渐变为深灰色、暗褐色至黑色，最后凹陷龟裂，病斑由外而内常呈漏斗状，深1～1.5cm。切开病部可见周围组织变褐，组织呈干粉状，出现点状空隙或呈蜂窝状，病斑外围组织变软，呈水渍状。线虫入侵会在薯块表皮制造伤口，有利于土壤真菌、细菌、螨类等的二次侵染，造成更大的产量损失。在窖藏期间，线虫可在潮湿条件下继续繁殖为害，并扩展到邻近块茎上，从而导致"烂窖"。幼苗根部受害，在表皮上出现褐色晕斑，秧苗矮小发黄，发育不良。茎部症状多表现在髓部，初为白色，后变为褐色干腐状。

甘薯受害症状：苗期茎基部白色部出现斑驳，后变为黑色，髓部褐色或紫红色，切口处不流或少流白浆，地上部矮黄、苗稀。茎蔓部受害则髓部变白发糠，之后变褐干腐，表皮破裂，蔓短、叶黄，加重后主蔓枯死。薯块发病有糠心型、糠皮型和混合型。①糠心型：大小、颜色等与正常薯块无明显区别，表皮完好，但薯块内部干缩呈白色海绵状或粉末状，有大量空隙。②糠皮型：薯块表皮龟裂、失水呈糠皮状。这种类型是由土壤中线虫直接侵染刺吸造成的。③混合型：内部糠心、外部糠皮，该类型在重病地生长后期发生多，外表类似糠心型，但手掂轻，敲击发出空梆响声。

3. 寄主范围

寄主范围广泛，在我国主要为害甘薯（*Dioscorea esculenta*）和马铃薯（*Solanum tuberosum*），除此之外还为害大蒜（*Allium sativum*）、当归（*Angelica sinensis*）、薄荷（*Mentha aquatica*）、西洋参（*Panax bipinnatifidus*）、党参（*Codonopsis pilosula*）、花生（*Arachis hypogaea*）等100多种植物。

4.侵染循环

马铃薯腐烂茎线虫可终年繁殖，在马铃薯整个生长期及贮藏期不断为害。其侵染循环涉及线虫的存活、侵入扩展和传播扩散等环节。腐烂茎线虫可通过成虫、幼虫或卵在土壤、粪肥中或多年生杂草地下组织内越冬，通过取食杂草寄主以寄生方式存活；受侵染的马铃薯块茎、甘薯块根、大蒜和鸢尾鳞茎等，是其极为重要的存活越冬场所。马铃薯腐烂茎线虫主要为害寄主植物的地下部分，如块茎、鳞（球）茎、块根、根状茎和肉质直根等。在不同作物上，其具体侵染部位、侵入途径和损害表现有差异。

马铃薯腐烂茎线虫主要通过受侵染的块茎、鳞（球）茎、块根、根状茎、肉质直根、秧苗等进行远距离传播。田间定殖后，其主要通过农事操作进行被动扩散。尽管线虫在土壤中能够借助蠕动而主动扩散，但距离有限，一般不超过1m。

5.在中国分布区域

北京、河北、内蒙古、吉林、黑龙江、辽宁、安徽、山东、河南和陕西共10省（自治区、直辖市）。

马铃薯腐烂茎线虫雌虫（张管曲　提供）

马铃薯腐烂茎线虫为害块茎症状（张锋　提供）
A.受害薯块表面特征　B.受害薯块切面特征

主要参考文献

丁再福，林茂松，1982.甘薯、马铃薯和薄荷上的茎线虫的鉴定.植物保护学报，9(3): 169-172.

姜培，冯晓东，王晓亮，等，2020.近年来我国腐烂茎线虫为害与防控形势.中国植保导刊，40(7): 87-90.

刘晨，杨铭，杨艺炜，等，2022.陕西马铃薯腐烂茎线虫发生为害症状及影响因素.中国植保导刊，42(2): 82-83.

赵洪海，梁晨，张浴，等，2021.腐烂茎线虫 (*Ditylenchus destructor* Thorne, 1945)生物学研究进展.生物技术通报，37(7): 45-55.

Li Y Q, Huang L Q, Jiang R, et al., 2022. Molecular characterization of internal transcribed spacer (ITS) of ribosomal RNA gene, haplotypes and pathogenicity of potato rot nematode *Ditylenchus destructor* in China. Phytopathology Research, 4(1): 22.

二十三、大豆胞囊线虫

大豆胞囊线虫（*Heterodera glycines* Ichinohe）属侧尾腺口纲异皮线虫科胞囊线虫属，引致大豆线虫病，也称大豆根线虫、萎黄线虫，世界各大豆产区均有发生，主要分布在日本、爪哇、美国、巴西等地，且缓慢地蔓延入侵到其他地区。我国东北地区和黄淮海大豆主要产区，如辽宁、吉林、黑龙江、山西、河南、山东以及安徽等地普遍发生，尤以东北干旱、沙碱地发生严重，严重制约着大豆安全生产。该病一般造成大豆减产10%～20%，重者可达30%～50%，某些产区因大面积发生而造成绝产。

英文名：soybean cyst nematode

1. 病原形态

大豆胞囊线虫经历卵、幼虫和成虫三个阶段。胞囊线虫的雌雄成虫形态不同，老熟雄虫蠕虫形，头、尾钝圆，体细长线条状，尾部多向腹侧弯曲，体长约1.33mm；老熟雌虫呈柠檬形，约0.85mm×0.51mm，头部较尖，初白色后变为黄白色，老熟时变为淡褐色，体壁加厚成为胞囊，胞囊鸭梨状，浅黄色至褐色，长约0.6mm，表面有斑纹，一个胞囊内约600粒卵。卵长椭圆形，向一侧微弯，约0.175mm×0.043mm。幼虫分4期，第一期幼虫在卵壳内发育蜕皮一次为仔虫期；第二期幼虫长圆筒形，雌雄形态相似为侵染期；第三期幼虫长圆筒形，雌雄可辨；第四期雌虫体形柠檬状，雄虫体形线条状。

2. 为害症状

大豆胞囊线虫寄生于大豆根部，大豆植株地上部和地下部均可表现症状，地上部分症状表现为植株矮小、生长发育不良、叶片黄化早落，严重时幼苗枯死，或对开花期造成影响，花与幼荚出现轻度萎蔫现象，籽粒成熟度较差且个头偏小，进而造成产量低，甚至绝收，严重影响着大豆的产量和质量。为害地下部分时，被大豆胞囊线虫侵害的植株主根会开裂或突起，导致病菌感染并引发其他病害，随着病情的发展，须根上附着白色卵状颗粒物，即为雌虫，随着虫体的发育逐渐变为棕色，直至脱离大豆植株根系，散落于根系附近的土壤中。由于胞囊撑破根皮，根液外渗，导致次生土传根部病害加重或造成根腐，使植株提早枯死。

3. 寄主范围

大豆胞囊线虫可侵害大豆（*Glycine max*）、赤小豆（*Vigna umbellata*）、绿豆（*Vigna radiata*）、豌豆（*Pisum sativum*）、决明（*Cassia tora*）等豆科植物，也可寄生在歪头菜（*Vicia nujjuga*）、地黄（*Rehmannia glutinosa*）等其他植物上。

4. 侵染循环

大豆胞囊线虫主要以胞囊在田间土壤中越冬，也可在粪肥中以及混杂于种子中的土粒内越冬，可随种子的调运作远距离传播，田间近距离传播扩散则主要通过耕作时土壤的移动，农机具、人畜黏附以及灌溉水和雨水传带含胞囊的土壤或混有胞囊的粪肥。胞囊对不良环境的抵抗能力很强，卵可保持生活力3～4年或以上，有的可长达11年。越冬胞囊是翌年的初侵染源。条件适宜的情况下，大豆胞囊线虫完成生活史仅需22d，病株根上形成的胞囊成熟后脱落进入土壤，经传播开始下一轮生活史或进入越冬态。

5. 在中国分布区域

主要大豆产区均不同程度发生。

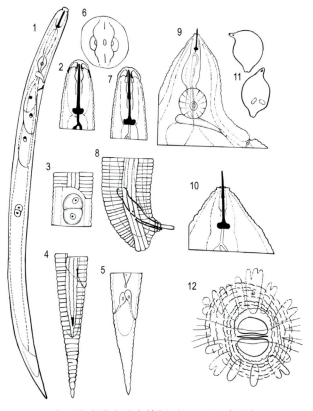

大豆胞囊线虫雌虫
（张管曲 提供）

大豆胞囊线虫形态特征（胡加怡 提供）
1.二龄幼虫 2.二龄幼虫头部 3.二龄幼虫生殖原基 4.二龄幼虫尾部
5.二龄幼虫尾部透明区 6.二龄幼虫唇区正面观 7.雄虫头部 8.雄虫尾部
9.雌虫食道 10.雌虫头部 11.雌虫整体图 12.雌虫阴门锥

主要参考文献

陈品三，齐军山，王寿华，等，2001.我国大豆胞囊线虫生理分化动态的鉴定和监测研究.植物病理学报，31(4): 336-341.

董金皋，2015.农业植物病理学(第三版).北京：中国农业出版社.

朱洪德，张广骅，1993.大豆孢囊线虫病的研究概况.中国农学通报，9(4):16-20.

Masamune T, Anetai M, Takasugi M, et al., 1982. Isolation of a natural hatching stimulus, glycinoeclepin A, for the soybean cyst nematode. Nature, 297: 495-496.

Niblack T L, Lambert K N, Tylka G L, 2006. A model plant pathogen form the kingdom Animalia: *Heteoderaglycines*, the soybean cyst nematode. Annual Review of Phytopathology, 44: 283-303.

二十四、菊花叶枯线虫

菊花叶枯线虫 [*Aphelenchoides ritzemabosi*（Schwartz）Steiner et Buhrer] 即里泽马斯博滑刃线虫，属线虫纲滑刃目滑刃科滑刃属，全世界75个国家都有发生，损失率达12.3%。菊花叶枯线虫病是欧洲、北美洲、非洲南部以及新西兰和澳大利亚菊花的主要病害，被害植株叶片枯死，开花受限或不能开花，严重的整株枯死，在美国和日本发生尤为严重。菊花叶枯线虫已被列入《全国林业危险性有害生物名单》。

英文名：chrysanthemum leaf nematode

1. 形态特征

雌虫虫体线形，较细，体长0.77～1.20mm；体表环纹明显。唇区半球形，缢缩，唇区比相连的虫体稍宽。口针长约12μm，口针基球小而明显。中食道球大，略呈卵圆形。神经环在中食道球后1.5个虫体宽度处。排泄孔在神经环后0.5～2个虫体宽度处。食道腺延伸约4个虫体宽度，从背面覆盖，在中食道球后与肠相连，无贲门。阴门稍突出，横裂。卵巢单个，向前伸展，卵母细胞多行排列。尾长锥状，末端有2～4个向后伸的尾尖突，形成刷状的结构。

雄虫放松时虫体后部伸直。唇区、口针和食道腺与雌虫相似。精巢单个。腹面有3对乳突，第一对在肛门区，第二对在尾的中部，第三对接近尾的末端。交合刺平滑弯曲，玫瑰刺形，无顶尖和缘突。

2. 为害症状

主要侵染菊的芽、叶片和生长点。初期线虫外寄生在菊的芽和生长点上，以口针穿刺取食，导致植株发育不良，扭曲，叶片畸形，取食部位的组织变粗糙。之后线虫转移至叶片内取食，破坏叶肉薄壁细胞，病叶上产生细微坏死斑点，一般中下部叶片易发病。随着线虫持续取食，病部变褐，然后变黑并呈特征性角状，病斑在后期扩大时受叶脉限制呈不规则形，整个病叶皱缩、萎垂，但不脱落。线虫脱离变褐坏死组织时，经气孔移动到植物表面的水膜中，通过在水膜中移动到达花芽，引起花芽畸形，开花小。

3. 寄主范围

病原线虫寄主范围广泛，重要寄主有菊科（Compositae）、茄科（Solanaceae）、罂粟科（Papaveraceae）植物和草莓（*Fragaria ananassa*）等，菊花（*Dendranthema morifolium*）是其典型寄主。此外还寄生福禄考（*Phlox drummondii*）、金丝桃（*Hypericum monogynum*）、绣线菊（*Spiraea salicifolia*）、秋海棠（*Begonia grandis*）、大岩桐

（*Sinningia speciosa*）、西瓜（*Citrullus lanatus*）、芹菜（*Apium graveolens*）等。

4. 侵染循环

菊花叶枯线虫是专性寄生线虫，不能独立存活于土壤中，以成虫在被害植株的病叶、残株或其他菊科植物上越冬。春季菊花新叶萌发时，雌成虫随灌溉水、雨水转移，自叶片气孔或伤口侵入，在叶表或叶肉组织间产卵。线虫的远距离传播靠寄主繁殖材料调运进行（带虫菊苗、插穗、鲜切花等），田间传播则靠雨水、灌溉水、土壤搬移和农事操作等途径进行，翠菊的种子也可以携带菊花叶枯线虫，菊花叶枯线虫冬季时在干燥的植物种子上可以存活，但不能在土壤中生存。菊花叶枯线虫可以通过气孔移动至寄主表面的水膜中进行转移为害。在菊花的病叶上，一条雌虫可产25～30个卵，排列紧密形似卵块。卵孵化需3～4d，幼虫成熟需9～10d，完成一个生活周期需10～13d。一般保护地栽培的菊花叶子中，线虫完成一个生活周期需要11～12d，露地条件则需13～14d。

菊花叶枯线虫繁殖力强，1年发生10代左右。在17～24℃条件下每繁殖1代需10～12d。只要温、湿度适宜，线虫全年都可以繁殖。线虫有较强的忍耐干旱的能力，多数以休眠或脱水状态在植物组织或残体中度过寄主中断期。

5. 在中国分布区域

在四川、陕西、上海、广东、江苏、安徽、湖南、云南、浙江和贵州有发生，贵阳市花溪区、毕节市大方县发生较重。

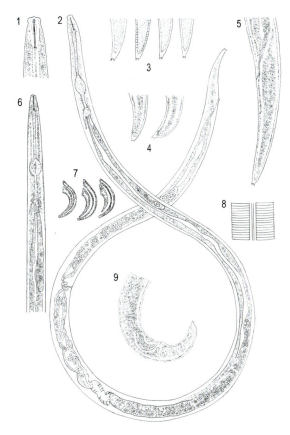

菊花叶枯线虫形态特征（胡加怡　提供）
1、2、3、5. 雌虫尾部有锐突
4、6. 雄虫尾部有锐突
7、9. 雄虫的交合刺　8. 侧带

菊花叶枯线虫为害状（张管曲　提供）

主要参考文献

刘丽君, 谢晓珍, 禹晓琼, 2001. 菊花叶枯线虫病对菊花不同品种的危害分析. 中国森林病虫, 20(3): 11-12

刘维志, 2000. 植物病原物线虫学. 北京: 中国农业出版社.

中国植物保护百科全书编委会, 2017. 中国植物保护百科全书 (生物安全卷). 北京: 中国林业出版社.

二十五、松材线虫

松材线虫 [*Bursaphelenchuh xylophilus*（Steiner & Buhrer）Nickle] 引致松材线虫病，又称松树萎蔫病，是松树上的一种毁灭性流行病害。日本是发现松材线虫较早的国家之一，日本1905年在九州发现了松材线虫病，1915年暴发流行，并迅速蔓延至本州岛，导致大量松树死亡。北美洲被认为是松材线虫的原产地，美国、加拿大和墨西哥均有分布，1984年芬兰从美国和加拿大进口的松材中检疫出了松材线虫，1985年芬兰等北欧国家禁止从美国和加拿大进口松木削片和原木，1986年欧洲植物保护组织将松材线虫列为"A-1"级检疫性病虫害。中国于1982年在南京市的中山陵首次发现松材线虫，之后相继在江苏、安徽、广东和浙江等地成灾，几乎毁灭了在香港广泛分布的马尾松林。松材线虫是中国危害较大的外来入侵物种，被列入《全国林业危险性有害生物名单》。

英文名：pine wood nematode

1. 形态特征

雌、雄同形，细长线形，蠕虫状。成虫体长约1mm。唇区高，缢缩显著。口针细长，基部微增厚。中食道球卵圆形，占体宽的2/3以上，瓣膜清晰。食道腺为细长叶状，覆盖于肠的背面。排泄孔的开口与食道和肠的交接处平行，半月体位于排泄孔后约2/3体宽处。卵巢单个，前伸。阴门开口于虫体中后部73%处，覆盖宽的阴门盖。后子宫囊长190μm，约为阴门到肛门距离的3/4。雌虫尾端呈亚圆锥形，末端宽圆，少数具微小的尾尖突。雄虫交合刺大，

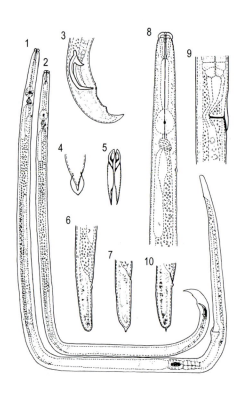

松材线虫形态特征（胡加怡　提供）
1. 雌虫　2. 雄虫　3. 雄虫尾部　4. 雄虫尾部腹面观（交合伞）5. 交合刺腹面观
6. 雌虫尾部　7、10. 雌虫尾部　8. 雌虫前端　9. 雌虫阴门

弓状，成对，喙突显著，交合刺尖端膨大呈盘状，尾部呈鸟爪状，向腹面弯曲，尾端被小的卵状交合伞包裹，退化的交合伞在光学显微镜下不易观察，交合伞（尾翼）是尾的角质膜的延伸，在尾端呈铲状，由于其边缘向内卷曲，所以背面观察为卵形，侧面观察呈尖圆形。幼虫虫体前段与成虫相似，后段因为肠内积聚大量颗状内含物而呈暗色，结构模糊。幼虫尾部亚圆锥形。

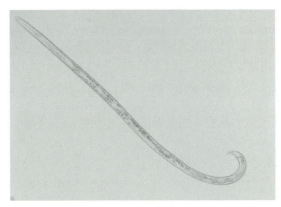

松材线虫显微形态特征（黄麟 提供）

2. 为害症状

松材线虫通过松褐天牛（*Monochamus alternatus*）取食造成的伤口侵入，寄生在树脂道中，导致松树脂道薄壁细胞和上皮细胞死亡，引起病树失水，蒸腾作用降低，树脂分泌急剧减少或停止，病树外观症状表现为针叶慢慢变黄褐色至红褐色，严重时病树萎蔫，最后枯死，死树木质部呈蓝灰色。松材线虫病的发生发展一般经历4个时期，初期阶段病树外观正常，但是树脂分泌减少，同时在嫩枝表面可以发现天牛取食遗留的痕迹。第二阶段病树针叶发生色变，树脂分泌停止，树体上除了有天牛为害的痕迹外，还有天牛产卵造成的刻槽及其他甲虫侵害的痕迹。第三阶段病树大部分针叶变成黄褐色，并出现萎蔫现象，病树周围有大量天牛和其他钻蛀甲虫遗留的蛀屑。第四阶段病树针叶整体变黄褐色至红褐色，失水干枯，最后病树死亡，木质部呈青灰色。

松材线虫病为害状（谢寿安 提供）

松材线虫病病树木质部变青灰色（张管曲 提供）

3. 寄主范围

在中国侵染赤松（*Pinus densiflora*）、黑松（*P. thunbergii*）、马尾松（*P. massoniana*）、黄松（*P. massoniana* ×

传播松材线虫病昆虫松褐天牛成虫（张管曲 提供）

P. thunbergii)、海岸松（*P. pinaster*）、火炬松（*P. taeda*）、湿地松（*P. elliottii*）、琉球松（*P. luchuensis*）、白皮松（*P. bungeana*）等松属植物。在国外还侵染冷杉属（*Abies*）、云杉属（*Picea*）、雪松属（*Cedrus*）、落叶松属（*Larix*）等的植物。

4. 侵染循环

松褐天牛是松材线虫的主要传播介体，秋末冬初，病死树内的松材线虫停止增殖，幼虫的角质膜加厚，抵抗不良环境的能力增强，形成三龄休眠幼虫，休眠幼虫适宜松褐天牛的携带和传播。松褐天牛在华东地区1年1代；广东1年2～3代，以第二代为主。在1年1代地区，春天松材线虫三龄休眠幼虫主要分布在松褐天牛蛀道周围，并逐渐向蛹室集中，松褐天牛羽化时，休眠幼虫通过天牛的气门进入气管，随天牛羽化迁徙发生转移。松材线虫对二氧化碳有强烈的趋化性，天牛羽化时产生的二氧化碳，是休眠幼虫潜入天牛气管内的重要原因，休眠幼虫在后胸气管内数量最多，此外，体表及前翅内侧也会黏附线虫。1只天牛可携带成千上万条线虫，最高纪录为280 000条，当松褐天牛成虫转移取食时，休眠幼虫从其啃食树皮所造成的伤口侵入，进入树体后即蜕皮一次成为成虫。雌、雄成虫交尾后产卵，进入繁殖阶段。松材线虫共4龄，生长繁殖的最适温度为25℃，低于10℃时不能发育，高于28℃繁殖受到抑制，温度33℃以上不能繁殖。低温限制病害的发展，干旱可以加速病害流行。线虫近距离传播依靠天牛的转移为害进行，远距离传播通过松材原木、削片和制成品的货运调转来完成。

5. 在中国分布区域

主要分布于江苏、安徽、山东、浙江、广东、湖北（恩施）、湖南、陕西、香港、台湾。

主要参考文献

刘维志，2000. 植物病原物线虫学. 北京：中国农业出版社.

吕全，王卫东，梁军，等，2005. 松材线虫在我国适生性评价. 林业科学研究, 18 (4): 460-464.

杨宝军，潘宏阳，汤坚，等，2003. 松材线虫病. 北京：中国林业出版社.

中国植物保护百科全书编委会，2017. 中国植物保护百科全书（生物安全卷）. 北京：中国林业出版社.

第二章 入侵昆虫

一、德国小蠊

德国小蠊（*Blattella germanica* Linnaeus）为蜚蠊目蜚蠊科小蠊属昆虫，是世界性的重要卫生害虫。根据化石考证，蜚蠊目昆虫在地球上生存了3亿多年。德国小蠊是蜚蠊目中分布最广泛、与人类生活密切相关和最难治理的害虫，在全世界热带、亚热带、温带、寒带均有分布。

英文名：german cockroach

1. 形态特征

棕黄色，体长10～15mm，前胸背板有2条平行的褐色纵纹。

2. 为害症状

德国小蠊能从身体不同部位排出怪味分泌物，使食物变味和变质。德国小蠊除咬食和破坏食品、药材、纤维织品、纸张和文物藏品外，还能携带多种致病菌和寄生虫卵等，是人类多种疾病的传播媒介。其排泄物和脱落的表皮会使过敏体质的人出现长皮疹、哮喘、打喷嚏等症状。

3. 生活史与习性

德国小蠊为不完全变态昆虫，雌虫卵囊形成后挂在腹部末端，有时卵囊挂在尾端就开始孵化。德国小蠊是唯一长时间携带卵囊的室内蜚蠊种。雌虫一生可产下4～8个卵囊。从卵囊形成至孵化需28d，下次卵囊的形成通常在2周之内。室内条件下若虫龄期完成需40～125d，在不利环境下或早期若虫附肢受到损伤时龄期会增加，以使受伤的部位恢复。若虫与成虫通常白天躲藏在温暖潮湿和黑暗的隐蔽场所，夜间出来寻找食物、水并进行交配。如果白天看到德国小蠊，则说明种群数量已经很大、能藏身的缝隙已经虫满为患或食物和湿度不足。德国小蠊经常会夹在运货车中的袋装洋葱、土

德国小蠊成虫形态（张宝琴 提供）

豆，或随成捆的服装和其他食品以及物品而被带入家中，以"搭便车"方式传到新的地区。

4.在中国分布区域

除高海拔地区和极端寒冷地区外均有分布。

主要参考文献

霍京, 苗明升, 2012. 温度和光周期对德国小蠊生长发育、繁殖及生活史节律的影响. 中国媒介生物学及控制杂志, 23(2): 114-117.

齐欣, 孙耘芹, 2004. 德国小蠊生物学特性及综合治理. 中国媒介生物学及控制杂志, 15(1): 73-75.

二、美洲大蠊

美洲大蠊（*Periplaneta american* Linnaeus）为蜚蠊目蜚蠊科大蠊属昆虫，主要分布在热带和亚热带地区，属于室内蜚蠊的优势群种，为世界性卫生害虫。

英文名：American cockroach

1.形态特征

虫体长27 ～ 40mm，红褐色，前胸背板中央有一块赤褐色蝶状斑，其前缘有 T 形黄色小斑，蝶状斑外缘有一圈黄色带。

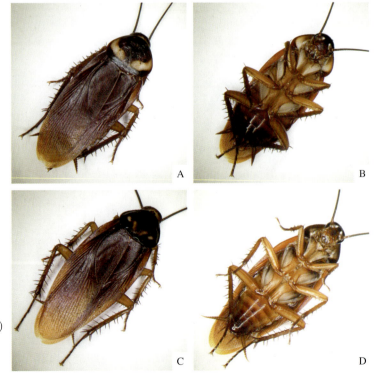

美洲大蠊成虫形态（陈楠 提供）
　A.雌虫背面　B.雌虫腹面
　C.雄虫背面　D.雄虫腹面

2. 为害症状

美洲大蠊除咬食和破坏食品与居家物品外，也是多种致病菌和寄生虫的携带者，是人类多种疾病的传播媒介。其排泄物和脱落的表皮均为过敏原，可造成过敏体质的人出现各种过敏症状。

3. 生活史与习性

美洲大蠊雌虫每1～2周产1个卵鞘，一生可产30～60个，每一卵鞘含卵14～16粒。孵化期45～90d，天气炎热时需20～30d。无雄虫时雌虫能进行无性繁殖，繁殖能力极强。一对成虫1年可繁殖后代几十万只。美洲大蠊白天蛰伏在阴暗潮湿有食物和水之处，夜间出来觅食和交配。美洲大蠊对环境的适应力强，成虫在食物缺乏的情况下可以存活2～3个月，在断绝水源的情况下也能存活1个月。因此，美洲大蠊繁殖能力惊人、生命力极强、分布范围广，给防治工作带来极大的困难。

4. 在中国分布区域

主要分布于广西、广东、福建、浙江、江苏、上海、湖北、江西、云南、贵州、四川、北京、河北、辽宁、黑龙江、陕西等地。

主要参考文献

冯琳琳，张钟宪，2007. 美洲大蠊生物学特性及综合防治. 首都师范大学学报（自然科学版），28(5): 37-39.

马涛，李兴文，温秀军，等，2014. 9种灭蟑毒饵对美洲大蠊的诱杀效果研究. 中华卫生杀虫药械，20(1): 39-42.

田厚军，赵建伟，陈勇，等，2019. 德国小蠊和美洲大蠊饵剂的研制及其诱杀效果. 寄生虫与医学昆虫学报，26(3): 182-187.

三、美洲棘蓟马

美洲棘蓟马 [*Echinothrips americanus*(Morgan)] 属缨翅目蓟马科蓟马亚科棘蓟马属。原产于北美洲东部，目前已经扩散至欧洲以及泰国和日本等地。

英文名：poinsettia thrips

1. 形态特征

雌成虫体长1.6mm，雄成虫体长1.3mm，体深棕色至黑色，雌虫体节暗红色，雄虫体节橘黄色。第一、二节深棕色，第三、四节和第五节基半部色浅，其余节淡棕色。复眼黑色，单眼红色。前翅翅基白色，其余部分灰色。前、中、后足基节、转节、腿节和胫节基部黑色。雄虫比雌虫小，颜色浅些。第三至八腹节腹板每节有数个小的圆形腺域。

卵为椭圆形，孵化前透过叶片表皮可见一对红色复眼。一龄若虫较粗短，头胸长为体长的一半，初孵时体色透明，取食之后渐变为白色，后变为浅黄色，体表被无色短刚毛，腹部末端具4根细长的刚毛。

二龄若虫较细长，头胸长约为体长的1/3，浅黄色，半透明，体表被无色短刚毛，在变为预蛹前呈乳白色。一、二龄若虫常在叶片正反面取食为害，并可自由活动。

预蛹白色，翅芽较短，长度不到体长的一半，触角伸向前方，复眼红色，体被无色短刚毛。蛹白色，翅芽较长，长度超过体长的一半，触角弯向身体后方，体被无色短刚毛，复眼红褐色。

2. 为害症状

成虫、若虫主要为害植物叶片，在叶片的正反面取食，也可为害植物的花。叶片上可见明显的褪绿斑，严重时叶片发黄并扭曲变形，光合效率降低，同时损害观赏植物的外观，降低其经济价值。在叶片为害状与螨类相似，造成白色斑点，并在叶片上留下黑色颗粒状排泄物。成虫将卵产于叶片内部时也可对叶片造成损伤。

3. 寄主范围

该虫寄主范围广泛，能为害48科106种植物，主要为害观赏植物，此外，对甜椒（*Capsicum frutescens*）、黄豆（*Glycine max*）、黄瓜（*Cucumis sativus*）、油菜（*Brassica napus*）、南瓜（*Cucurbita moschata*）等也可造成严重危害。美洲棘蓟马喜欢为害的大田作物或蔬菜集中于禾本科、豆科及茄科。在陕西关中地区的寄主植物为鸡蛋花（*Plumeria rubra*）、马兜铃（*Aristolochia debilis*）、南山藤（*Dregea volubilis*）、苜蓿（*Medicago sativa*）、玉米（*Zea mays*）、菜豆（*Phaseolus vulgaris*）、桃（*Prunus persica*）及烟草（*Nicotiana tabacum*）。

4. 生活史与习性

美洲棘蓟马有两性生殖和孤雌产雄生殖两种生殖方式。卵多产于叶片背面的皮下组织，初产时只在叶片上形成近透明状的小突起，观察到的颜色与叶片相同，发育到后期可见一对清晰的红色复眼。若虫孵化后即在叶片上取食为害，直至二龄蜕皮后进入前蛹期，该时期虫体还可移动。前蛹经过蜕皮后进入蛹期，虫体很少产生位移，但肢体还可活动。预蛹和蛹均停留在叶片背面，较少活动。主要取食植物叶片，很少进入花器。各虫态（包括卵、幼虫、预蛹、蛹与成虫）均在植物上发育。在对叶片的选择上，除猕猴桃、黄瓜外，美洲棘蓟马更倾向于选择无毛的叶片产卵及取食。

5. 在中国分布区域

2009年6月在北京市海淀区的甜椒上发现该虫。目前已知仅在陕西、北京和海南有分布。

美洲棘蓟马形态（张晓晨　提供）
A.一龄幼虫　B.二龄幼虫　C.蛹　D.成虫

主要参考文献

胡庆玲，2017. 入侵害虫美洲棘蓟马研究进展概述. 中国植保导刊，37(8): 73-75, 78.

李晓维，2014. 美洲棘蓟马和烟蓟马雌性交配系统、繁殖生物学及基因交流研究. 杨凌：西北农林科技大学.

魏书军，马吉德，石宝才，等，2010. 我国新入侵外来害虫美洲棘蓟马的外部形态和分子鉴定. 昆虫学报，53(6): 715-720.

张晓晨，2010. 中国大陆新记录种美棘蓟马 *Echinothrips americanus* Morgan 及其生物学研究. 杨凌：西北农林科技大学.

Varga L, Fedor P J, Suvák M, et al., 2010. Larval and adult food preferences of the poinsettia thrips *Echinothrips americanus* Morgan, 1913 (Thysanoptera: Thripidae). Journal of Pest Science, 83(3): 319-327.

四、苹果绵蚜

苹果绵蚜 [*Eriosoma lanigerum* (Hausmann)] 属半翅目瘿绵蚜科绵蚜属，又名苹果绵虫、白毛虫、白絮虫、棉花虫。苹果绵蚜起源于美国东部，1801年传入欧洲，1872年由美国传入日本。1910年，由德国传入我国山东青岛，后又由日本传入辽宁大连，20世纪初自印度传入西藏。

英文名：woolly apple aphid

1. 形态特征

无翅孤雌蚜体卵圆形，长1.7～2.2mm，头部无额瘤，腹部膨大，黄褐色至赤褐色。复眼暗红色，眼瘤红黑色。口喙末端黑色，其余赤褐色，生有若干短毛，其长度达后胸足基节窝。触角6节，第三节最长，为第二节的3倍，稍短或等于末3节之和，第六节基部有一小圆初生感觉孔。腹部体侧有侧瘤，着生短毛；腹背有4条纵列的泌蜡孔，全身覆盖白色蜡质绵毛。腹管环状，退化，仅留痕迹，呈半圆形裂口。尾片呈圆锥形，黑色。

有翅孤雌蚜体椭圆形，长1.7～2.0mm，体色暗，较瘦。头胸黑色，腹部橄榄绿色，全身被白粉。复眼红黑色，有眼瘤，单眼3个，颜色较深。口喙黑色。触角6节，第三节最长，有环形感觉器24～28个，第四节有环形感觉器3～4个，第五节有1～5个，第六节基部有感觉器2个。翅透明，翅脉和翅痣黑色。腹部白色绵状物较无翅雌虫少。腹管退化为黑色环状孔。

有性蚜体长0.6～1mm，淡黄褐色。触角5节，口器退化。头部、触角及足为淡黄绿色，腹部赤褐色。雄蚜体长0.7mm左右，体淡绿色。触角5节，末端透明，无喙。腹部各节中央隆起，有明显沟痕。

无翅若蚜圆筒形，赤褐色，绵毛稀少，触角5节，口器长度超过腹部。

卵椭圆形，长约0.5mm，初产为黄色，随着生长发育变为褐色。

2. 为害症状

主要以无翅胎生成蚜及若蚜群集于寄主背阳枝干的伤疤、剪锯口以及新梢的叶腋处刺吸汁液为害，影响果树生长发育和花芽分化，导致树势衰弱，树龄缩短，产量下降，果品品质降低。在发生严重的果园可为害果实。寄主被害处常形成肿瘤，破裂后易诱发腐烂病。受害果柄变黑褐色，果实发育受阻易脱落；果实梗洼、萼洼可见变色；严重时全树可见白色绵状物。苹果绵蚜也可为害浅土中或裸露的根，诱发根瘤。

3. 寄主范围

以苹果属（*Malus*）植物为主，还有山楂属（*Crataegus*）、梨属（*Pyrus*）和榆属（*Ulmus*）部分植物，常见寄主有苹果（*Malus domestica*）、海棠（*M. spectabilis*）、沙果（*M. asiatica*）、山定子（*M. baccata*）、山楂（*Crataegus* spp.）、花楸树（*Sorbus pohuashanensis*）、美国榆（*Ulmus american*）等。

4. 生活史与习性

苹果绵蚜1年可发生13～20代，在辽宁1年发生11～13代，在山东青岛17～18代，河北唐山12～14代；通常以一、二龄若蚜在树皮下、伤疤缝隙和近地表根部越冬。在渭北地区主要以二龄若虫集中在根部越冬，翌年3月中旬，若虫开始迁移活动，随着温度升高迁移、扩散，多在果树的愈合伤口、剪锯口、新梢、叶腋、短果枝端的叶群和果梗、萼洼以及地下根部、露出地表的根基等处为害。5月下旬有翅蚜迁飞。发生高峰期在6月中旬和9月下旬。11月中、下旬进入越冬期。

苹果绵蚜繁殖的适宜温度为22～25℃，在10℃条件下完成1代需要57.8d，30℃时仅需11.7d。当日平均气温连续多日超过26℃时，繁殖率显著下降。苹果绵蚜可通过无翅蚜爬行或有翅蚜飞行作短距离传播扩散，还可随着侵害的寄主果品、接穗及苗木调运远距离传播。

5.在中国分布区域

目前在辽宁、河北、河南、山东、山西、陕西、甘肃、江苏、安徽、贵州、云南、新疆、西藏、北京、天津、四川、宁夏等苹果产区普遍发生。

苹果绵蚜无翅孤雌蚜（张管曲 提供）

苹果绵蚜为害状
A.受害苹果枝条（胡小平 提供） B.剪锯口受害状（胡小平 提供）
C.被害处常形成肿瘤（张管曲 提供）

主要参考文献

贺春玲，田海燕，毛永珍，2004. 我国苹果绵蚜发生及防治研究进展. 陕西林业科技 (1): 34-38.

姜超，李鑫，张金钰，等，2012. 苹果绵蚜在渭北生态条件下的越冬状况研究. 西北农业学报，21(1): 180-183, 206.

王兴亚，蒋春廷，许国庆，2011. 外来入侵种——苹果绵蚜在中国的适生区预测. 应用昆虫学报，48(2): 379-391.

张强，罗万春，2002. 苹果绵蚜发生危害特点及防治对策. 昆虫知识，39(5): 340-342.

Madalon F Z, Damascena A P, Madalon R Z, et al., 2020. First report of *Eriosoma lanigerum* (Hausmann, 1802) (Hemiptera: Aphididae) on the apple tree crop in Espirito Santo State, Brazil. International Journal of Advanced Engineering Research and Science, 7: 297-300.

五、葡萄根瘤蚜

葡萄根瘤蚜［*Daktulosphaira vitifoliae*（Fitch）］属半翅目胸喙亚目球蚜总科根瘤蚜科葡萄根瘤蚜属。葡萄根瘤蚜原产于美国，19世纪中期从美国东部传到欧洲，1892年张裕公司在我国山东烟台建立葡萄园，1895年从法国引进葡萄苗木时引入葡萄根瘤蚜。1956年来，一直被我国列为进境植物检疫性有害生物，目前也是我国农业、森林检疫性有害生物。

英文名：grape phylloxera、grape root louse

1. 形态特征

根瘤型无翅孤雌蚜成蚜体长1.15 ~ 1.50mm，宽0.75 ~ 0.90mm，卵圆形，污黄色或鲜黄色，头部色较深，触角和足深褐色。无腹管。国外标本可见体背各节具灰黑色瘤，头部4个，各胸节6个，各腹节4个。我国标本（山东烟台）可见体背有明显的暗色鳞或菱形隆起，体缘（包括头顶）有圆珠笔形微突起，胸、腹各节背面都具一横形深色大瘤状突起。复眼由3个小眼面组成。触角3节，第三节最长，其端部有1个圆形或椭圆形的感觉圈，末端有刺毛3根（个别的有4根）。

叶瘿型无翅孤雌蚜成蚜体长0.9 ~ 1.0mm，近圆形，黄色。与根瘤型极相似，但体背无瘤，体表具细微凹凸皱纹，触角末端有刺毛5根。无腹管。

有翅孤雌蚜（性母蚜）体长约0.90mm，宽0.45mm，长椭圆形。翅2对，前宽后窄，平叠于体背（一般有翅蚜的翅呈屋脊状覆于体背）。触角第三节有感觉圈2个，1个在基部，1个在端部。前翅翅痣很大，长形，有3根斜脉（中脉、肘脉和臀脉）。

雌蚜体长0.38mm，宽0.16mm，无翅，喙退化，触角第三节为前两节之和的2倍。跗节1节。雄蚜体长0.3mm，宽0.14mm，外生殖器突出于腹末，乳突状。其他同雌蚜。

卵分无性卵和有性卵。干母、无翅孤雌蚜产的卵均为无性卵，长椭圆形，黄色，有光泽。有性卵为有翅型所产，大卵为雌卵，小卵为雄卵，其他同无性卵。

若蚜共4龄，无翅若蚜淡黄色，体梨形，有翅若蚜二龄后身体变狭长，色稍深，三龄后出现翅芽。四龄若蚜大于0.15mm，形态与成蚜相似。

2. 为害症状

成、若虫主要刺吸葡萄叶片、根部汁液为害。在根部形成根瘤，须根受害形成菱角形根瘤，侧根、大根受害形成关节状肿瘤，虫体多在肿瘤缝隙处，导致产量下降，严重时植株死亡。在叶背为害会形成粒状虫瘿，称为"叶瘿型"。受害植株树势衰弱，提前黄叶、落叶。国内仅可见根瘤型为害状。

3. 寄主范围

单食性害虫，只为害葡萄（*Vitis vinifera*）。

4. 生活史和习性

在烟台1年可发生7～8代，以一龄若虫或少数卵在1cm以下土层中或2年生以上根叉及缝隙处越冬。翌年4月开始活动，5月上旬无翅蚜产第一代卵。全年以5月中旬至6月底、9月两个时期发生量最大。7—8月在当年新发须根上可见大量菱角形（或鸟头形）根瘤。卵期3～7d，若虫期12～18d，成虫寿命14～26d。有翅蚜7月上旬开始出现，9月下旬至10月下旬为发生盛期。有翅蚜无完整的口器，不为害，仅能存活3～4d。葡萄根瘤蚜的远距离传播主要随葡萄苗木调运完成。

5. 在中国分布区域

目前在上海（嘉定区、崇明区）、河南（洛阳市）、湖南（怀化市）、陕西（西安市）、广西（桂林市）共5个省（自治区、直辖市）的10个县（市、区）发生分布。

葡萄根瘤蚜无翅孤雌蚜（张皓 提供）
A.根瘤型无翅成蚜 B.受害葡萄根 C.受害须根末端症状

主要参考文献

吕军，王忠跃，王振营，等，2008.葡萄根瘤蚜生物学特性及防治研究进展.江西植保，31(2): 51-56.
薛惠明，2014.我国葡萄根瘤蚜发生及防控技术综述.浙江农业科学，55(12): 1794-1796.

六、烟粉虱

烟粉虱 [*Bemisia tabaci* (Gennadius)] 属半翅目粉虱科小粉虱属，虱是联合国粮农组织认定的全球第二大农业害虫，也是全球唯一被冠以"超级害虫"的昆虫。起源于热带和亚热带地区。1889年，在希腊的烟草上首次发现，并因此得名。自20世纪80年代起，通过一品红等花卉及经济作物的国际贸易，烟粉虱迅速在全球扩散，成为了世界性害虫，目前已经在全球90多个国家和地区分布。传入我国时间不详。

英文名：tobacco whitefly

1. 形态特征

成虫体长0.8 ~ 1.0mm，翅展1.8 ~ 2.3mm，雌虫略大于雄虫，体淡黄色，被白色蜡粉，前翅白色，具2条纵翅脉，后翅具1条纵翅脉。复眼红色，哑铃形，每个复眼可分为上、下两部分，中间只通过1个小眼相连。静止时双翅呈屋脊状，两翅间常有较为明显的间隔，可见腹部。跗节2节，爪2个。

卵为椭圆形，近乎垂直嵌于叶片的反面，初期黄绿色，后期呈现深褐色。若虫为1 ~ 4龄。

一龄若虫长约0.27mm，通常较透明，卵圆形，有体毛16对，腹部末端有2对明显的刚毛，前期可移动，后期在适宜取食的地方固定。二龄若虫长约0.36mm，体色不再透明，呈现淡黄色，出现红色眼点。三龄若虫长约0.55mm，似介壳虫，分节模糊，体缘分泌蜡质，2个红色眼点更加明显。四龄若虫（伪蛹或拟蛹）长0.6 ~ 0.9mm，椭圆形，淡黄色，头部、胸部及腹部通常有较长的毛，变化较大；背面中央隆起，边缘薄或自然下垂，无周缘蜡丝。4个龄期的发育时间不尽相同，其中二龄若虫的发育时间最短，为3d左右，而四龄若虫发育时间最长，为8d左右。

2. 为害症状

烟粉虱为害不同植物表现出不同的症状，主要通过3种方式为害寄主植物。①刺吸取食为害：刺吸植物叶片表皮韧皮部汲取营养，造成植物表皮内部组织损伤，干扰植物正常生长。②诱发煤污病：可通过自身排泄分泌蜜露黏合其他物质，导致煤污覆盖在植物表面，影响植物光合作用，造成作物减产。③传播植物病毒病：烟粉虱在取食过程中，可从感染病毒的植物中获得植物病毒，成虫通过取食健康植物传播植物病毒，引起植物病毒病的暴发，造成作物减产，严重的甚至绝产。目前已知烟粉虱可以传播的植物病毒包括番茄黄化曲叶病毒（TYLCV）、番茄褪绿病毒（TOCV）等双生病毒在内的200多种植物病毒。

3. 寄主范围

已知寄主有十字花科（Brassicaceae）、茄科（Solanaceae）、葫芦科（Cucurbitaceae）、锦葵科（Malvaceae）、豆科（Fabaceae）、菊科（Asteraceae）、大戟科（Euphorbiaceae）、

旋花科（Convolvulaceae）等74科600多种，包括蔬菜、水果、花卉，且随着研究的深入和烟粉虱的扩散为害，其寄主范围还在不断扩大。

4. 生活史与习性

烟粉虱属渐变态昆虫。个体发育经历卵、若虫、成虫3个阶段。1年发生的世代数因地而异，世代重叠严重。在我国南方1年发生11～15代，可常年为害，以卵在露地寄主上越冬。在北方1年发生4～13代，以各种虫态在温室大棚等保护地寄主上越冬；露地每年可发生4～6代，在露地不能越冬。在黄淮地区，春季主要在保护地蔬菜、花卉和杂草上为害，露地寄主上一般于6月中旬始见成虫，7月下旬至9月上旬为成虫盛发期，9月下旬种群数量逐渐下降，11月下旬在露地寄主上基本消失。

成虫不善飞翔，可在植株间短距离扩散，也可借风力或气流长距离迁移。有趋黄性，对橙黄色趋性更强烈。有趋嫩性，喜欢群集于植株上部嫩叶背面吸食汁液和产卵，在适宜的寄主植株上，由下向上逐渐扩散为害，各虫态呈垂直分布，上部嫩叶是成虫及初产的卵，中部叶片上是即将孵化的卵及一至二龄若虫，下部叶片上是三龄若虫、蛹、刚羽化的成虫及蛹壳。成虫将卵大多不规则散产在植株上部嫩叶背面，卵与叶面垂直，卵柄通过产卵器插入叶内。初孵若虫在叶背面爬行，寻找合适的取食场所，数小时后即固定刺吸取食，直到成虫羽化。

5. 在中国分布区域

烟粉虱在中国最早记载于1949年，但一直不是我国农业上的主要害虫。直到1997年在广东东莞严重发生，之后在新疆、安徽、福建、山东、海南、甘肃、浙江、江苏、湖北、宁夏等地的棉花、西瓜、番茄、黄瓜等作物上相继严重发生。目前在我国除青藏高原之外均有分布，在22个省份相继暴发成灾。

我国当前已报道的烟粉虱隐种有15个，包括13个本地种和2个全球入侵种，本地种主要分布在交通不便的省份或地区，而在沿海经济发达的省份及交通便利的地区主要为MEAM1隐种（即"B型"烟粉虱）。MEAM1隐种在我国分布的绝对优势随着MED隐种（即"Q型"烟粉虱）的入侵而逐渐被取代。

烟粉虱形态（张世泽　提供）
A.散产的卵　B.成虫

烟粉虱为害状（张世泽 提供）
A.成虫在叶片为害　B.受烟粉虱为害的黄瓜

主要参考文献

褚栋, 张友军, 2018. 近10年我国烟粉虱发生为害及防治研究进展. 植物保护, 44(5): 51-55.

商胜华, 杨茂发, 孟建玉, 2016. 贵州烟草昆虫图鉴. 贵阳: 贵州科技出版社.

虞国跃, 田丽霞, 2022. 烟粉虱的识别与防治. 蔬菜(4): 82-85.

郑永利, 吴华新, 孟幼青, 2017. 西瓜、甜瓜病虫原色图谱第2版. 杭州: 浙江科学技术出版社.

Oliveira M, Henneberry T, Anderson P, 2001. History, current status, and collaborative research projects for *Bemisia tabaci*. Crop Protection, 20(9): 709-723.

七、双条拂粉蚧

双条拂粉蚧［*Ferrisia virgata*（Cockerell）］属半翅目蚧总科粉蚧科拂粉蚧属, 又名丝粉蚧、条拂粉蚧、橘腺刺粉蚧、大长尾介壳虫。双条拂粉蚧分布于菲律宾、泰国、马来西亚、美国、法国、南非、中国等70多个国家和地区。

英文名：striped mealybug

1.形态特征

雌成虫体椭圆形, 薄被白蜡粉, 背部有2条暗纵带, 尾端有2根长蜡丝, 可达体长的一半。体背有玻璃丝状放射线。体边缘深V形, 仅具1对刺孔群, 无蜡状侧丝。

2.为害症状

以若虫和成虫在植株嫩叶下表皮、嫩梢、花序和果柄上吸取汁液为害, 是可可树肿枝病毒（CSSV）、胡椒黄斑驳病毒（PYMV）的传播媒介。取食时固定在植物组织上, 受害植株顶端叶片变为灰黄色, 向下卷曲。由中心受害植株向四周扩散为害, 受害严重植株枝条稀疏、叶片干燥、幼芽和嫩枝停止生长。

除了直接为害外，还分泌出蜜露和黏性物质，落在植株叶片表皮、嫩梢和果实上，堵塞气孔，导致煤污病发生，影响植株的光合作用和果实品质。分泌的蜜露会招引蚂蚁，蚂蚁帮助粉蚧进行传播为害，导致受害植株产量下降。

3. 寄主范围

寄主广泛，包括豆科（Leguminosae）、大戟科（Euphorbiaceae）、苋科（Amaranthaceae）、芸香科（Rutaceae）、天南星科（Araceae）、紫葳科（Bignoniaceae）、锦葵科（Malvaceae）、菊科（Compositae）、桑科（Moraceae）、玉蕊科（Lecythidaceae）、木兰科（Magnoliaceae）、无患子科（Sapindineae）、夹竹桃科（Apocynaceae）、木樨科（Oleaceae）、桃金娘科（Myrtaceae）、漆树科（Anacardiaceae）等的植物。

主要为害番木瓜（*Carica papaya*）、番荔枝（*Annona squamosa*）、番石榴（*Psidium guajava*）、番茄（*Solanum lycopersicum*）、茄（*Solanum melongena*）、木薯（*Manihot esculenta* Crantz）、咖啡（*Coffea atraica*）、菠萝（*Ananas comosus*）、椰子（*Cocos nucifera*）、茶叶（*Camellia sinensis*）、花生（*Arachis hypogaea*）、棉花（*Gossypium* spp.）等200种农林作物。

4. 生活史与习性

若虫期为26～45d。成虫寿命15～20d。完成整个生活史需45～65d。成虫和若虫均可自由活动，但活动能力不强，扩散缓慢，因此在田间发生有中心虫株，呈核心型分布。初龄若虫活动能力较强，初龄若虫活动盛期是主要的扩散时期。雌成虫可产卵300～400粒，卵一般产在一起，覆有绵絮状白色细粉丝。卵产后几个小时内孵化。干旱季节有利于双条拂粉蚧的发生，雨季则虫口密度下降。

5. 在中国分布区域

2007年先后在北京植物园温室的芦荟、荔枝、橡胶、榕树、火炬松、紫檀、酒瓶兰等植物上采集到双条拂粉蚧，之后在海南、广东、广西、台湾为害银合欢，在陕西为害园林植物。目前分布在福建、湖北、浙江、江西、湖南、台湾、广东、广西、四川、云南等地，此外在西藏（墨脱加热萨乡）的樟木上也有发现。

双条拂粉蚧成虫（石祥 提供）

主要参考文献

白学慧,吴贵宏,邵维治,等,2017.云南咖啡害虫双条拂粉蚧发生初报.热带农业科学,37(6): 35-37, 48.

李伟才,何衍彪,詹儒林,等,2012.广东龙眼害虫双条拂粉蚧发生为害初报.广东农业科学,39(6): 152-

153, 237.

梁李宏, 张中润, 2007. 腰果病虫害. 北京: 中国农业出版社.

汤睞德, 1992. 中国粉蚧科. 北京: 中国农业科技出版社.

Culik M P, David dos S M, Penny J G, 2006. First records of two mealybug species in Brazil and new potential pests of papaya and coffee. Journal of Insect Science (23): 1-6.

八、苹小吉丁虫

苹小吉丁虫 [*Agrilus mali* (Matsumura)] 属鞘翅目吉丁虫科窄吉丁属, 又名苹果窄吉丁、苹果小吉丁虫、苹果金蛀甲。苹小吉丁虫原产于欧亚大陆东部, 主要分布在中国东北部, 俄罗斯的阿穆尔州以及哈巴罗夫斯克和滨海边疆区, 还有朝鲜半岛和日本。曾于1957年被我国列为全国检疫对象, 目前仍被部分省份列为补充检疫对象。

英文名: apple buprestid

1. 形态特征

成虫长柱形, 体长5.5 ～ 10mm, 宽约2mm, 雌虫略大于雄虫。雌虫体具紫铜色光泽, 雄虫具黄铜色光泽, 雌虫、雄虫体表均布小刻点和金黄色绒毛。头部短宽, 前端呈截形, 复眼肾形, 触角11节, 锯齿状。前胸背板长方形, 前缘略宽于头部, 背板后角发达且弯曲, 小盾片三角形。鞘翅具有白色毛状闪光鳞片, 基部凹陷, 在肩窝处不形成明显斑块, 鞘翅端部尖削, 虫体整体呈楔状。后足胫节外缘被有骨刺。

卵椭圆形, 直径约1mm。初产时为淡乳白色, 后期变为黄褐色。

幼虫共5龄, 老熟幼虫体长15 ～ 22mm。体扁平, 乳白色或淡黄色。体节分明, 柔软, 无足。头部较小, 淡褐色至黑褐色, 多藏于前胸内, 外面仅可见口器。前胸膨大, 中、后胸狭长, 背、腹面中央各有一纵沟。腹部11节, 以第七节最宽, 呈梯形, 之后各节逐渐缩小, 末节有1对骨化的齿状褐色尾夹。

蛹为离蛹, 纺锤形, 体长5.5 ～ 10mm, 初期为乳白色, 后慢慢变为褐色, 羽化前变为黑褐色或黑色。

2. 为害症状

主要以幼虫钻蛀树干和侧枝, 初孵幼虫在皮层活动, 后进入韧皮部, 随后进入木质部取食。产生的隧道内充满褐色虫粪, 隧道蜿蜒如线, 虫疤上有棕红色树液流出, 俗称"流红油", 干涸后形成淡黄色胶状物。枝干受害会导致皮层枯死、变黑、凹陷、破裂, 严重者皮层脱落、果树枯死。

3. 寄主范围

寄主植物有苹果 (*Malus domestica*)、沙果 (*M. asiatica*)、海棠 (*M. spectabilis*)、楸子 (*M. prunifolia*)、山荆子 (*M. baccata*)、香果树 (*Emmenopterys henryi*)、水榆花楸 (*Sorbus pohuashanensis*)、樱桃 (*Cerasus pseudocerasus*) 和榅桲 (*Cydonia oblonga*) 等。

4. 生活史与习性

在吉林长春3年发生2代，以老熟幼虫在为害处越冬；在2年发生1代的地区（如甘肃天水大部分地区）以初龄幼虫越冬；在1年发生1代的地区（如青海尖扎）主要以老熟幼虫越冬，而在新疆伊犁、内蒙古包头等1年发生1代的地区，多以二、三龄幼虫越冬。在冬季后气温上升快的地区，越冬幼虫在3中旬开始蛀食为害，但在海拔较高、较寒冷的地区会推迟取食活动。在内蒙古包头，幼虫4月上旬开始活动，4月下旬至6月下旬为幼虫为害盛期，5月中旬开始化蛹，在6月上旬至7月上旬进入化蛹盛期。5月下旬成虫开始羽化，6月下旬至7月下旬进入羽化盛期。成虫产卵盛期集中在7月中旬，8月上旬为卵孵化盛期。孵化后的幼虫即钻入皮层取食，11月上旬开始越冬。在新疆，6月上旬开始化蛹，6月下旬成虫开始羽化，7月中旬开始产卵，7月下旬可以发现当年幼虫。

成虫飞翔能力较弱，具假死性，无趋光性和趋色性。成虫在早晨、傍晚或阴雨天蛰伏在枝条或叶片上静止不动，天气晴朗、温度稍高时喜欢围绕树冠飞行。成虫具有补充营养的习性，羽化后1～2周可取食寄主叶片，造成叶片缺刻，但食量小，为害轻。卵多为散产，每处产1～3粒，每头雌虫可产卵60～70粒。卵多产于树冠向阳面的树干、枝条缝隙或树芽里。室温条件下，雌成虫寿命约18d，雄成虫约20d。

苹小吉丁虫可随寄主苗木的调运传播，在野生苹果林和管理较差的幼龄果园危害较重。

5. 在中国分布区域

1954年报道在河北省交河县为害幼树，目前分布于新疆、青海、甘肃、陕西、宁夏、吉林、辽宁、黑龙江、河北、山西、内蒙古、北京、天津、河南、山东、湖北、湖南、四川、广西和云南等地。

苹小吉丁虫（刘德广 提供）
A.成虫 B.幼虫 C.蛹

苹小吉丁虫为害苹果树（刘德广　提供）
A.受害苹果枝条（可见成虫羽化孔）　B.幼虫为害形成的隧道

主要参考文献

崔晓宁, 刘德广, 刘爱华, 2015.苹果小吉丁虫综合防控研究进展.植物保护, 41(2): 16-23.

季英, 季荣, 黄人鑫, 2004.外来入侵种——苹果小吉丁虫及其在新疆的危害.新疆农业科学, 41 (1): 31-33.

李孟楼, 张正青, 2017.苹果小吉丁虫的生物学及其生活史讨论.西北林学院学报, 32(4): 139-146.

Bozorov T, Luo Z H, Li X S, et al. , 2018. *Agrilus mali* Matsumara (Coleoptera: Buprestidae) a new invasive pest of wild apple in western China: DNA barcoding and life cycle. Ecology and Evolution, 9(3): 1160-1172.

九、红圆皮蠹

红圆皮蠹 [*Anthrenus picturatus hintoni*（Mroczkowski）] 属鞘翅目皮蠹科，又名花背皮蠹、红缘皮蠹、地毯皮蠹。原产于印度次大陆，现已遍及世界上大部分地区。

英文名：carpet beetle

1. 形态特征

成虫体长3～3.5mm，宽1.8～2.2mm。卵圆形，背面隆起。头部具中单眼，触角棒3节。前胸腹板具触角窝。体壁红褐色或黑褐色，背面覆黄色、白色、黑色鳞片。鞘翅上覆多数白鳞斑，每个鞘翅基部有2个白色鳞斑及3条向后中断的白色鳞斑带，特别是鞘翅基半部沿翅中缝有1个"火"字形白斑；其余部分有黄色、黑色或少量白色鳞斑分布。腹部被白色鳞片。

幼虫长圆形，黄褐色。老熟时体长3～4mm，头部及各体节倒生黑色粗毛，两侧丛生黑色粗毛，尾部两侧各生一束毛向上翘，尾部还生有数十根锯齿状长毛。

2. 为害症状

以成虫、幼虫为害毛织品、羽毛制品、动物药材及标本，被蛀食后的毛皮和蚕丝等蛋白质出现纤维化现象。受害严重的鞘翅目昆虫标本，仅残留鞘翅、体壁及足。较大的标本被害后只剩下空壳，腹部侧面和腹面可见许多虫孔；严重者鞘翅也被破坏。受害严重的小型标本仅剩散架的鞘翅等。鳞翅目昆虫标本严重被害后残留一些鳞毛和鳞片，失去利用价值。

3.寄主范围

主要为害毛织品、生皮、昆虫标本、粮食作物、档案图书以及动物性药材和棉麻等。

4.生活史与习性

1年发生1~2代，多数以幼虫在被害物中越冬。5—6月所产卵孵化的幼虫，其中约25%至秋季羽化为成虫，静止在末龄幼虫蜕皮壳中越冬，来年春天再活动，即1年1代；其余约25%仍以幼虫越冬，来年春天再活动取食，大部分在夏季化蛹，少数在深秋化蛹，并以静止的成虫越冬，即2年1代。卵期随温度上升而缩短，在25℃时平均为14d；幼虫正常情况下为5~6龄，在25~35℃，相对湿度30%~90%的情况下，幼虫多达21龄，幼虫期最长可达340d。成虫5月出现，有访花习性，喜食花粉、花蜜。幼虫喜黑暗潮湿。成虫和幼虫均有假死性。

5.在中国分布区域

主要分布于北京、内蒙古、辽宁、新疆、甘肃、宁夏、青海、河北、陕西、山东、河南、湖南、福建、四川等地。

红圆皮蠹成虫（白月亮 提供）

主要参考文献

冯惠芬,李景人,赵秉中,1985.档案图书馆害虫及其防治.北京:档案出版社.

李文柱,2017.中国观赏甲虫图鉴.北京:中国青年出版社.

吴福桢,1982.宁夏农业昆虫图志.北京:中国农业出版社.

祝长清,朱东明,尹新明,等,1999.河南省昆虫学会.河南昆虫志(鞘翅目)（一）.河南郑州:河南科学技术出版社.

十、小圆皮蠹

小圆皮蠹 [*Anthrenus verbasci* (L.)] 属鞘翅目皮蠹科，又名姬圆皮蠹。原产于亚热带地区，是一种分布范围广，为害严重的仓储害虫。传入国内时间不详。

英文名：varied carpet beetle

1. 形态特征

成虫体长1.8～2.8mm，宽1.2～1.7mm。卵圆形，黄褐色，背面显著隆起。触角锤状，11节，末3节膨大。表皮暗褐色至黑色，有光泽，前胸背板侧缘及后缘中央有白色鳞斑，在额的上方中央有1个单眼。鞘翅上有3条由黄色及白色鳞片形成的波状横带，头部多数被黄色鳞片。

老熟幼虫体长3.5mm，纺锤形，背面隆起，腹面平直。头部圆形，淡黑褐色，向前密生黑色粗毛。口器黑色，腹部12节，第一节最长，呈梯形，第五至七节最宽，各节淡黑褐色，有光泽，节间淡黄白色，各节都着生向上及向两侧的黑色粗毛。胸部腹面及足灰白色，腹部腹面暗褐色，并散生黑色粗毛，腹末着生黑色粗毛数十根成一束。

2. 为害症状

该虫是一种危害性大的杂食性仓储害虫，也是贮藏标本的重要害虫，发生严重时，保存的标本1～2年即遭毁坏。为害鞘翅目昆虫标本时先为害标本腹部，幼虫常从鞘翅下沿与腹部相接处钻入，数量较多时，也从前胸背板与鞘翅的连接缝处或腹部的腹面钻入取食；为害鳞翅目昆虫标本时，主要为害腹部及翅，一般情况下，标本受害较轻，只在昆虫针周围的标本盒上有虫粪及粉碎组织。

3. 寄主范围

各种蚕茧、动物性药材、动物标本、毛织品及羽毛制品、谷物种子等。

4. 生活史与习性

1年发生1代，偶有2代。每代历经7～14个月，以幼虫于10月开始在寄主体内或取食对象的附近越冬。越冬幼虫于翌年2月开始活动取食，2月末或3月初化蛹，3月末或5—6月羽化，4月起开始产卵。卵散产在标本虫体上，每头雌虫产卵13～100粒，平均48粒，卵期10～13d。成虫产卵前常飞到室外采食花蜜。孵化后的幼虫少数在7—8月化蛹并羽化为成虫，9月产卵再孵化为幼虫，10月越冬，翌年夏季化蛹。幼虫有滞育现象。幼虫取食时不钻入坚硬的物体内部，而是隐藏在标本盒、标本柜的缝隙内，或钻入标本内取食。幼虫有畏光性，常隐蔽在背光的纸片下或盒缝处活动和取食。三龄后有假死性；初孵幼虫有吃卵壳习性，取食卵壳可降低幼虫的死亡率。幼虫钻蛀后一般不转移，常在蛀孔附近发现许多蜕下的皮，这是识别该虫的一个重要特征。幼虫老熟后多在夜间进行化蛹。成虫有访花习性。成虫羽化后在末龄幼虫蜕皮内静止4～8d才开始活动。

小圆皮蠹多发生于居民区附近，幼虫取食干燥的节肢动物尸体，也经常转入仓内为害。温度升高以及幼虫期的延长均可导致蜕皮次数增加。

5. 在中国分布区域

在河北、河南、天津、内蒙古、辽宁、黑龙江、甘肃、青海、宁夏、陕西、安徽、江西、浙江、湖北、湖南、四川、重庆、云南、贵州、福建等地有分布。

小圆皮蠹成虫（白月亮　提供）

主要参考文献

张青文，刘小侠，2013. 农业入侵害虫的可持续治理. 北京：中国农业大学出版社.

张文同，姚传文，1994. 小圆皮蠹的生物学特性及防治研究. 安徽农业技术师范学院学报，8(3): 27-33.

祝长清，朱东明，尹新明，等，1999. 河南昆虫志鞘翅目（一）. 河南郑州：河南科学技术出版社.

十一、米扁虫

米扁虫［*Ahasverus advena*（Walterl）］属鞘翅目锯谷盗科，原产于美洲，传入国内时间不详。

英文名：foreign grain beetle

1. 形态特征

成虫长卵形，体长约2.5mm，红褐色。头前沿窄，具小刻点和淡色微毛，半缩入前胸内，整体呈五边形。复眼黑色外突。触角11节，有细毛，末端3节膨大呈锤状。前胸背板近方形，布有小刻点和微毛，整体向背中央倒伏，侧缘微向外突。小盾片黑色宽扁。鞘翅黄褐色，向上拱，有排列成行的较大刻点和浅色倒伏的细毛，足赤褐色。

幼虫体长约3mm，体灰白色，两侧平行后端较宽，体具稀毛。

2. 为害症状

以成虫和幼虫为害不洁净或开始发霉的粮食等，喜群集于潮湿或霉变的食品、副食品底层。

3. 寄主范围

各类谷物及其副产品、中药材、油籽、香料、干果、干菜等。

4. 生活史和习性

条件适宜时20～30d可完成一个世代。成虫活泼，爬行较快，在环境温度较高时可飞行。成虫寿命1年左右。成、幼虫均喜食霉菌，因此，易在开始发霉的储藏物中发生。米扁虫喜潮湿环境，在相对湿度80%以上时发育较好，也易出现在粪肥堆和稻草堆中。在25℃和相对湿度90%的条件下繁殖较快。

5. 在中国分布区域

分布于黑龙江、吉林、辽宁、新疆、青海、甘肃、陕西、河北、河南、湖北、湖南、江西、四川、云南、贵州、江苏、浙江、福建、广东、广西等地。

米扁虫（白月亮　提供）

主要参考文献

姚康, 1986. 仓库害虫及益虫. 北京: 中国财政经济出版社.

赵欣欣, 王殿轩, 白春启, 等, 2019. 锈赤扁谷盗等3种菌食性储粮害虫的发生分布调查. 粮油食品科技, 27(3): 83-89.

Jacob T A, 1996. The effect of constant temperature and humidity on the development, longevity and productivity of *Ahasverus Advena* (WaltI) (Coleoptera: Silvanidae). Journal of Stored Products Research, 32(2): 115-121.

十二、蚕豆象

蚕豆象（*Bruchus rufimanus* Boheman）属鞘翅目豆象科。原产于欧洲，后传到伊朗和非洲北部，1909年传入北美洲，现分布遍及世界各地。抗日战争时期从日本传入我国。英文名：broadbean weevil

1. 形态特征

成虫体椭圆形，长4.5 ～ 5.0mm，宽约2.7mm，黑褐色，触角基部四至五节及前足淡黄褐色；体密被黄褐色绒毛。头部狭小，复眼黑色，被包围于触角基部。触角锯齿状。前胸背板横宽，呈不规则的四边形或梯形，小盾片近方形，后缘凹；前胸背板两侧的中央各着生一齿，齿端朝向左右两侧，齿的后方显著向内凹入；前胸背板后缘中央有一近三角形白色毛斑。鞘翅具小刻点，被褐色或灰白色毛，每鞘翅有10条纵纹，近翅缝向外缘有灰白色毛点形成的横带。臀板中间两侧有2个不明显的斑点，腹板两侧各有1个灰白色毛斑。雄虫中足胫节末端的内方着生一小齿，但雌虫无。

卵椭圆形，体长0.4 ～ 0.6mm，端部略尖，半透明，淡橙黄色。

幼虫共4龄，老熟幼虫体长约6mm，体乳白色，肥胖，弯曲，胸足退化呈肉突状。头部很小，死后大部缩入前胸。胸、腹节上通常具明显的红褐色背线。

蛹长5～5.5mm，椭圆形，淡黄色，腹部较肥大，前胸与翅上密生细皱纹，前胸背板侧缘的齿突不明显。

2. 为害症状

蚕豆象可在仓内和田间为害。成虫食豆叶、豆荚、花瓣及花粉，幼虫主要蛀食新鲜蚕豆豆粒，被害豆粒内部被蛀成空洞，并引起霉菌侵入，使豆粒发黑有苦味而不能食用；如果伤及胚部，则影响发芽率。幼虫随豆粒收获入仓，继续在豆粒内取食为害，造成严重损失。在许多国家和地区，蚕豆象对蚕豆造成的重量损失达20%～30%。

3. 寄主范围

主要为害蚕豆（*Vicia faba*），还可为害山黧豆属（*Lathyrus*）、兵豆属（*Lens*）、豌豆属（*Pisum*）的植物。

4. 生活史与习性

国内各地均1年发生1代，主要在豆粒内、仓库角落及包装物缝隙中越冬，少数在田间作物残株、野草或砖石下越冬。越冬成虫常于3月下旬、4月上旬大量从越冬仓飞往蚕豆田活动。4月为交配盛期，4月中、下旬为产卵盛期，4月下旬至5月上旬为孵化盛期，8月为化蛹盛期，8月中旬至9月上旬为羽化盛期。

成虫飞行能力强，有假死性，交配、产卵尤以上午10时至下午3时为盛。卵多散产在植株中下部的青荚表面，少数产在花瓣上，卵在豆荚上的黏着力不强，易被雨水冲掉。每头雌虫产卵量约96粒。卵期7～12d。幼虫孵出后即咬破豆荚，蛀入豆粒内为害，并在其内完成发育，幼虫期70～100d，老熟后在豆粒内制作蛹室，并咬一圆形羽化孔，咬下的碎粉散铺在蛹室内壁，进而化蛹、羽化。羽化的成虫如受到惊动即自豆粒内爬出，寻找适宜越冬处越冬，如无惊动即在豆粒内越冬。

5. 在中国分布区域

传入我国后在各蚕豆产区均有发生。国内分布范围北起黑龙江、内蒙古至中国台湾、广东、广西、云南，东达边境线，西达陕西、宁夏、甘肃、青海。

蚕豆象及其为害状（白月亮　提供）
A.成虫　B.受蚕豆象为害的蚕豆

主要参考文献

来有鹏, 2019. 蚕豆象的发生与防控研究进展. 植物检疫, 33(3): 58-62.

李坤陶, 李文增, 2006. 生物入侵与防治. 北京: 光明日报出版社.

王昶, 张丽娟, 郭延平, 等, 2018. 6种杀虫剂对蚕豆象成虫的室内毒力测定及田间药效评价. 植物保护, 44(4): 207-211.

张青文, 刘小侠, 2013. 农业入侵害虫的可持续治理. 北京: 中国农业大学出版社.

十三、豌豆象

豌豆象 [*Bruchus pisorum* (L.)] 属鞘翅目豆象科, 又名豆牛。豌豆象原产于地中海沿岸地区, 20世纪50年代传入我国后大面积传播扩散, 1965年传入新疆塔城和伊犁地区。1952年我国将其列为植物检疫对象, 后因在国内普遍发生而取消。

英文名: pea weevil

1. 形态特征

成虫体椭圆形, 长4～5mm, 宽2.6～2.8mm, 黑褐色。前胸背板后缘中央有一近卵圆形白色毛斑, 鞘翅表面有纵行隆起线及许多由白色细毛组成的毛斑。触角基部4节。前、中足胫节和跗节为褐色或浅褐色。头具刻点, 被淡褐色毛。臀板覆深褐色毛, 后缘两侧与端部中间两侧有4个黑斑, 后缘斑常被鞘翅所覆盖。雄虫中足胫节末端有1根尖刺, 雌虫则无。

卵椭圆形, 淡橙黄色, 在较细的一端着生2根长约0.5mm的丝状物。

幼虫复变态, 共4龄。老熟幼虫体长4.5～6.0mm, 黄白色, 体粗肥多皱褶, 略弯成C形。头黑色, 触角短小, 胸足退化成小突起, 无行动能力。

蛹椭圆形, 长约5.5mm。初为乳白色, 后转淡褐色。羽化时头、中胸和后胸中央部分、胸足和翅均呈褐色, 腹部乳白色, 近末端略呈黄褐色。

2. 为害症状

主要蛀食豌豆子叶, 幼虫也可蛀食贮藏的新鲜豆粒, 受害豆粒表面可见圆孔, 并引起霉菌侵入, 导致豆粒食味变苦, 出粉率和种子发芽率降低, 严重者失去食用价值且影响人畜健康。在未采取防治措施的地区, 可造成贮藏期60%～90%的豌豆豆粒穿孔。曾在江苏北部, 陕西中部, 甘肃武威、定西, 宁夏等地猖狂为害, 给农户造成了严重的经济损失。

3. 寄主范围

豌豆象为单食性害虫, 仅为害豌豆 (*Pisum sativum*)。

4. 生活史与习性

1年发生1代，以成虫在仓库、豌豆包装物、豆粒内、房屋缝隙、树皮裂缝、田间遗株等处越冬。各地迁入豌豆田时间与豌豆开花结果期早迟有关。成虫6月上旬开始活动，豌豆始花后在田间取食，6月中旬豌豆始荚后开始交尾产卵，产卵盛期为6月中旬至6月底，卵孵化盛期为6月下旬。卵盛期常与豌豆结荚盛期相吻合，一般5月中旬所产的卵，到7月中下旬至8月中旬才可发育为成虫。成虫羽化后蛰伏越冬。

成虫飞翔力强，最远飞越距离可达3～7km。从越冬场所飞出的成虫需要6～14d补充营养，主要取食豌豆花蜜、花粉、花瓣或叶片，之后才开始交配、产卵。卵散产于幼嫩豆荚表面，每头雌虫平均产卵量150粒，产卵期约20d。豌豆收获时幼虫常随被害豆粒进入仓库继续发育为害。成虫寿命长，一般300d以上，有的长达14～16个月。幼虫不活泼，但蛀入豆荚、豆粒的能力很强。幼虫老熟时，将豆粒种皮咬成1个圆形羽化孔盖，留做成虫羽化钻出用，然后在豆粒内化蛹。蛹期平均8～12d。

5. 在中国分布区域

除黑龙江、内蒙古、新疆外，各地均有发生，尤其在江苏、安徽、陕西、山东等地发生较重。

豌豆象及其为害状（白月亮 提供）
A.成虫 B.受豌豆象为害的大豆

主要参考文献

郭书普, 2010. 新版蔬菜病虫害防治彩色图鉴. 北京: 中国农业大学出版社.

李惠明, 赵康, 张俊, 等, 2012. 蔬菜病虫害诊断与防治实用手册. 上海: 上海科学技术出版社.

王昶, 贺春贵, 张丽娟, 等, 2017. 豌豆抗豌豆象育种及其综合防治研究进展. 草业学报, 26(7): 213-224.

仲伟文, 杨晓明, 2014. 豌豆象的发生、危害、防治对策及豌豆抗豌豆象的遗传机理综述. 作物杂志 (2): 21-25.

十四、咖啡豆象

咖啡豆象 [*Araecerus fasciculatus*（De Geer）] 属鞘翅目长角象科，又名短像豆象、短吻豆象、可可长角象虫。原产于印度，传入我国时间不详。

英文名：cocoa weevil、coffee bean weevil

1.形态特征

成虫长椭圆形，体长2～5mm，暗褐色，密生黄褐色细毛。触角红褐色，细长，11节，末端3节呈棒状。鞘翅行间交替嵌着特征性的褐色及黄色方形毛斑。前胸背板梯形，宽大于长，前端略成圆形，后端内侧略凹。鞘翅两侧平行，末端圆形；前胸背板、鞘翅表面有黄褐色细毛密生，常杂生褐色或黄白色不规则小毛斑。小盾片很小，圆形，上面密生灰白色细毛。3对足近乎等长，跗节4节。雄虫臀板直立，末端圆，腹板末节的长等于前一节。雌虫臀板较长，三角形，末端边缘向上弯；腹部末端外露。

卵圆形，长0.5～0.6mm，宽约0.35mm，白色，具光泽。

幼虫共4龄，第一至二龄体长小于0.6mm，四龄体长4.5～5.2mm，少数6mm，通常呈弓形，除头壳外，全体乳白色，多褶皱，体被白而短的细毛。头大，近圆形，浅黄色，不缩入体内，背面生1对粗刚毛。胸足退化，仅有痕迹。前胸较大，淡黄色，腹部末端大且呈圆形。

蛹体长4～7mm，初期浅黄白色，伴随发育，有体色变化。羽化前复眼由乳白色变为棕黑色，触角细长向背后弯，全身密被灰白色细毛。头胸部宽大，末端尖小。后足跗节伸出于翅鞘尖端之外。腹部末端左右侧具瘤状突起1对。

2.为害症状

可为害可可、咖啡及豆蔻的种子，在仓内为害咖啡豆、玉米、棉籽、酒曲、干果、干姜、大蒜、中药材等，被酿酒厂视为为害酒曲的重要害虫，影响大曲产量、降低曲块理化指标等。为害储藏咖啡豆6个月之后，重量损失可达30%。可将中药材蛀蚀一空而使其丧失药用价值，中药材中以红参、麦冬、党参、防风、山药等受害尤为严重。

咖啡豆象成虫（白月亮 提供）

3.寄主范围

咖啡豆象食性较广，受害严重的寄主包括玉米（*Zea mays*）、高粱（*Sorghum bicolor*）、棉花（*Gossypium* spp.）、大蒜（*Allium sativum*）、咖啡豆（*Coffea* spp.）、可可（*Theobroma cacao*），以及各种中药材等，还可为害柑橘（*Citrus reticulata*）、麻风树（*Jatropha curcas*）、木瓜（*Pseudocydonia sinensis*）、印楝（*Azadirachta indica*）等的果实。

4.生活史与习性

每年可发生3～4代。在温度27℃、相对湿度60%的条件下，完成1代需要57d，若相对湿度高到100%，完成1代则为9d。雌虫羽化后6d性成熟，雄虫羽化后3d性成熟，成虫羽化后6d开始进行交配。交配后，雌虫产卵于干果、谷粒上。先凿一个孔，然后将1粒卵产于其中。每头雌虫可产卵130～140粒。在温度27℃及相对湿度50%～60%的条件下，卵期5～8d，幼虫孵化后即在干枣、谷粒内蛀食为害。该虫发育起点温度为22℃，最适发育温度为28～32℃，在相对湿度50%～100%范围内均可发育，最适宜相对湿度为80%。成虫活跃，喜飞善跳，有假死性，能在仓库内飞行及产卵，也可飞到田间玉米穗上为害或繁殖。

5.在中国分布区域

分布于广东、湖南、湖北、四川、云南、贵州、安徽、江苏、广西、福建、山东、河南、浙江、陕西等地。

主要参考文献

李灿，李子忠，2010. 检疫性害虫咖啡豆象在贵州的危害特点及其生活史. 贵州农业科学，38(3): 93-95.

杨帅，张涛，高玉林，等，2016. 相对湿度对咖啡豆象生长发育、繁殖及种群增长的影响. 应用昆虫学报，53(1): 121-127.

Caasi-Lit M T, Lit-Jr I L, 2012. First report of the coffee bean weevil *Araecerus fasciculatus* (De Geer) (Coleoptera: Anthribidae) as pest of papaya in the Philippines. The Philippine Agricultural Scientist, 94(4): 415-420.

十五、紫穗槐豆象

紫穗槐豆象（*Acanthoscelides pallidipennis* Motschulsky）属鞘翅目豆象科，为林业有害生物，最初于美洲发现。该虫主要在幼虫期蛀食紫穗槐种仁，严重时甚至可将其全部取食，导致种子无法发芽，严重危害种子的质量和产量。

英文名：false indigo weevil

1.形态特征

成虫卵圆形，体长为2～3mm，体宽为1.1～1.7mm。头部为黑灰色，比前胸小，有白色细毛，密布圆形刻点。触角共11节，基部为棕色，较细，向端部逐渐膨大，颜色逐渐加深至黑褐色。小盾片为方形，表面密布白色细毛。鞘翅为褐色，近中缝处颜色较深，每个鞘翅有10条纵沟。臀板向腹面弯曲，密布白色细毛。

紫穗槐豆象成虫形态（王敦　提供）
A.侧面　B.正面

2.寄主范围

紫穗槐（*Amorpha fruticosa*）、加州紫穗槐（*A. california*）。

3.为害症状

紫穗槐豆象是紫穗槐结实期的重要种实害虫，一粒种子内一只豆象钻蛀取食，幼虫取食种仁，老熟后在种子内越冬，造成种子大量减产。严重发生时会造成全部种子被蛀食，整株植物种子绝收。

4.生活史与习性

紫穗槐豆象1年发生1～2代，以老熟幼虫在种子内越冬，越冬时幼虫的头部朝向种蒂。初孵幼虫取食嫩种表皮，大约13d，之后蛀入种内取食种仁。成虫羽化后，初期不取食，待大约10d，若寄主未开花，个别成虫会取食少量寄主嫩叶；若寄主开花，则取食寄主花瓣、花药。成虫具有假死性。

5.在中国分布区域

主要分布于黑龙江、吉林、辽宁、河北、河南、北京、天津、内蒙古、陕西、山西、新疆、四川、浙江、江西、宁夏等地。

主要参考文献

贺长洋,2005.紫穗槐豆象生物学特性及防治.植物检疫,19 (5): 318.

刘长生,赵永华,肖明仁,2001.紫穗槐豆象在山东日照的发生及鉴定.植物检疫,15 (4): 225-226.

刘伟杰,2020.紫穗槐豆象生物学特性及防治技术.现代化农业 (6): 6-7.

徐明,2013.紫穗槐豆象生物学特性及检验除害方法.北京农业 (30): 106.

十六、红脂大小蠹

红脂大小蠹（*Dendroctonus valens* Leconte）又称强大小蠹，属小蠹科大小蠹属，原产于加拿大、美国、墨西哥等地。英文名：red turpentine beetle

1.形态特征

体淡褐色至暗红色，圆柱形，长5.7～10.0mm。雄虫长是宽的2.1倍，额不规则突起，前胸背板宽，具有粗的刻点，向头部两侧渐窄，不收缩；虫体稀被不整齐的长毛。雌虫与雄虫相似，但眼线上部中额隆起明显，前胸刻点较大，鞘翅端部粗糙。

红脂大小蠹成虫形态
（杨忠岐　提供）

2. 为害症状

主要为害油松，小至胸径3cm的小树，大至上百年的古树均可被侵害，但主要为害25年以上的松树。侵害健康木，且为害部位均在靠近基部的树干和根部，靠近基部树干有流出凝脂的蛀孔为典型为害状。红脂大小蠹与其他小蠹虫不同的是，其不仅为害树势衰弱的树木，也可严重为害健康树木，导致松树大面积死亡。

3. 寄主范围

油松（*Pinus tabuliformis*）、白皮松（*P. bungeana*）、华山松（*P. armandii*）、云杉（*Picea asperata*）等。

4. 生活史和习性

红脂大小蠹1年发生1～2代，世代不整齐。成虫活动高峰期出现在5月中下旬。雌成虫首先钻蛀到韧皮部和木质部之间形成不规则形坑道，雄虫随后进入坑道。随着成虫向上蛀食，坑道面积逐步扩大导致树液停止流动。树液流动停止后，雌虫开始向下蛀食达到根部。钻蛀取食期间，形成单轴型和不规则的坑道。雌雄成虫在坑道内交尾和产卵，雌虫产卵于母坑道的一侧，呈多层次排列，无单个产卵室；每头雌虫在母坑道内产卵数量平均100粒，雌雄性比约1：1。由于世代不整齐，各种虫态都可以在树皮与韧皮部之间越冬。

5. 在中国分布区域

1998年在山西省沁水县首次发现，可能与山西省在20世纪80年代从美国引进木材有关。国内分布于山西、河北、河南以及陕西与山西接壤的部分地区。

主要参考文献

刘海军，骆有庆，温俊宝，等，2005. 北京地区红脂大小蠹、美国白蛾和锈色粒肩天牛风险评价. 北京林业大学学报，27(2): 81-87.

殷惠芬，2000. 强大小蠹的简要形态学特征和生物学特征. 动物分类学报，25(1): 120-121.

十七、十二齿小蠹

十二齿小蠹（*Ips sexdentatus* Boerner）属鞘翅目小蠹科齿小蠹属。松十二齿小蠹主要分布于北半球较高纬度地区和冷凉地区，如朝鲜、蒙古、法国等地。

英文名：six-toothed bark beetle

1. 形态特征

成虫体褐色至黑褐色、有光泽，成虫体长6.3～7.3mm，为欧亚大陆最大型小蠹。鞘翅斜面侧缘各具6齿，第四齿最大，末端变粗呈纽扣状。

2.寄主范围

云杉（*Picea asperata*）、冷杉（*Abies fabri*）、红松（*Pinus koraiensis*）、华山松（*P. armandii*）、高山松（*Pinus densata*）、油松（*P. tabuliformis*）、云南松（*P. yunnanensis*）等。

十二齿小蠹成虫形态（孙守慧 提供）
A.正面 B.侧面

3.为害症状

该虫在干旱低温的气候条件下主要发生在衰老、生长势差的疏林，猖獗为害时能直接侵害健康的活立木，多在树干靠近基部区域为害，距地面50～90cm的厚皮部分受害最重。该虫既为害风倒木、火烧木和衰弱木，也可为害健康树木，严重时可造成大量松树死亡。

4.生活史与习性

1年发生1～2代，以成虫或老熟幼虫在被害木坑道内越冬，世代不整齐。3—4月，越冬成虫陆续飞出，雌虫和雄虫相继蛀入树体后钻蛀坑道并交尾产卵。成虫钻蛀形成纵向母坑道，并在母坑道两侧建筑凹陷的卵室。雌虫产卵于卵室，每个卵室1颗卵，每个雌虫产卵20～70粒。5月下旬达到孵化高峰。初孵幼虫从母坑道两侧卵室部位向外蛀食，形成放射状排列的子坑道。6月上旬，老熟幼虫在子坑道末端木质部筑蛹室化蛹。6月下旬是羽化盛期，产生第一代成虫。羽化的成虫由蛹室向外穿透寄主韧皮部形成羽化孔飞出。8月上、中旬，第二代幼虫孵化，出现第二次蛀食高峰。9月中、下旬，幼虫陆续老熟化蛹，10月上、中旬成虫羽化，产生第二代成虫，在树干内潜伏越冬。

5.在中国分布区域

分布于黑龙江、吉林、陕西、四川、云南等地。

主要参考文献

舒朝然，詹敏松，2005.十二齿小蠹的危险性分析.沈阳农业大学学报，36(2): 175-179.
孙静双，卢文锋，曹宁，等，2012.松十二齿小蠹成虫种群数量动态研究.中国森林病虫，31(4): 6-7.

十八、谷象

谷象 [*Sitophilus granarius* (L.)] 属鞘翅目象甲科，又称牛子，为本土蟑螂。谷象原产于印度，国外主要分布于美国、加拿大、阿根廷、玻利维亚、澳大利亚、新西兰、日本、菲律宾、泰国、印度尼西亚以及欧洲大部分地区。1994年前在我国无分布。

英文名：grain weevil、granary weevil

1. 形态特征

成虫体长2.3～3.5mm，呈长椭圆形，赤褐色至黑色，有金属光泽。喙细长略弯曲，象鼻状，长约为前胸长的2/3，有小而稀少的刻点。触角膝状。前胸背板顶区的刻点长椭圆形，刻点内着生鳞片状毛。后翅退化。外形与米象很相似，主要区别见下表。

谷象成虫与米象成虫的区别

特征类别	谷象	米象
体色	浓赤褐色，有金属光泽	赤褐色
前胸背板小刻点	长椭圆形	圆形
鞘翅斑纹	鞘翅上无黄褐色大斑纹	每个鞘翅上各有2个黄褐色斑纹
后翅	退化	正常

卵长椭圆形，长0.6～0.8mm，宽约0.3mm，半透明，中央稍圆，下端圆大，上端逐渐狭小形成颈，颈端稍扁平，具一圆形帽状小隆起。

成熟幼虫体长2.5～2.75mm，白色，无足，肥壮，呈半圆形，一至四腹节背板各被横褶皱明显分为3部分。下侧板有刚毛1根。外形与米象很相似，主要区别见下表。

谷象幼虫与米象幼虫的区别

特征类别	谷象	米象
上颚	尖端短而钝，无明显的端齿	尖端发达，并着生尖而明显的端齿2个
腹板	第一至四腹节背板各被分为明显的3部分	第一至三腹节背板各被分为明显的3部分
腹部刚毛	各节的下侧区中叶着生1根刚毛	各节的上侧区单一，各着生2根刚毛，下侧区分为上、中、下3叶，均无刚毛着生

蛹体长3.75～4.25mm，椭圆形，初期为乳白色，后呈现褐色。头部圆形，喙细长，贴腹面，后伸，侧面观无后翅，可与米象区别。

2. 为害症状

成虫、幼虫均可取食为害。成虫不仅取食完整粮粒，还可为害加工粮。幼虫可为害完整粮粒、较大的碎粒及结块的加工粮。成、幼虫蛀食使粮粒变成空壳且破碎，同时增加粮堆湿度，使粮食结块、发霉，影响粮食质量，降低种子发芽率。

3. 寄主范围

谷象寄主范围广泛，可为害稻（*Oryza sativa*）、玉蜀黍（*Zea mays*）、小麦（*Triticum*

aestivum)、大麦（*Hordeum vulgare*）、燕麦（*Avena sativa*）、高粱（*Sorghum bicolor*）以及油料作物、豆类籽粒及其加工品，也可为害薯类干果和药材。

4. 生活史与习性

在东北地区1年可发生2代，在中原地区1年发生3～4代，有世代重叠现象。主要以成虫在地板缝、砖缝、墙基的粉尘中或杂物中越冬，少数以幼虫越冬。在21℃且相对湿度为80%的环境下，卵期为5d，幼虫共4龄，发育历期为34d，蛹期为8d，羽化到外出为9d。成虫一般寿命7～8个月，越冬的成虫则长达10～15个月或更长。成虫羽化后在谷粒内部停留数天后才外出交配、产卵。产卵前期长短不一，早春羽化的成虫产卵前期约为21d，晚夏羽化的约为6d，晚秋羽化的要延迟到翌年春天才产卵。卵产于粮粒内，每雌虫平均产卵量254粒。成虫不活泼，后翅退化，不能飞翔，因此只在仓内为害。

5. 在中国分布区域

仅分布于新疆、甘肃、黑龙江等地。

谷象（白月亮　提供）
A.成虫　B.幼虫

主要参考文献

张生芳,樊新华,高渊,等,2016.储藏物甲虫.北京:科学出版社.

赵养昌,1957.我国对内植物检疫对象中的四种仓库害虫.昆虫知识(5): 227-231.

周永淑,朱琪芳,段树范,等,1994.采用综合防除技术根除粉米厂内的谷象.植物检疫,8 (6): 323-326.

十九、稻水象甲

稻水象甲［*Lissorhoptrus oryzophilus*（Kuschel）］属鞘翅目象甲科稻水象甲属，又称水稻象鼻虫、稻水象、稻根象。稻水象甲原产于美国东南部，以野生的禾本科、莎草科植物为食，后来随着水稻大规模栽培，转移为害水稻，并自美国向外传播扩散，广泛分布于加拿大、墨西哥、古巴、多米尼加、哥伦比亚、圭亚那、意大利等地。1988年，由日本传入我国河北省唐海县，之后在国内迅速扩散蔓延。稻水象甲一直被我国列为进境检疫性有害生物，目前也被列为全国农业植物检疫性有害生物，属于我国公布的第二批外来入侵物种。

英文名：rice water weevil

1. 形态特征

成虫体长 3 ～ 4mm，宽约 1.5mm，体灰白至褐色，自前胸背板的端部至基部有一广口瓶状暗斑，在鞘翅的基部向下伸至鞘翅的 3/4 外形成一个不规则的黑斑。前胸背板和鞘翅上均有一些瘤状突起。触角膝状，赤褐色，柄节狭长，端部膨大呈棒状，各足胫节末端内侧有钩状突起和小的角状突起。

卵长圆形，略弯曲，长约 0.8mm，乳白色。

幼虫白色，老熟幼虫体长 8mm，头褐色，无胸足及腹足，第二至七腹节的背面各有一对钩状突起。

土茧黏附于稻根上，长约 5mm，卵圆形，表面光滑，土灰色。蛹在土茧中，体白色，复眼红褐色，大小及形态似成虫。

2. 为害症状

以成虫取食稻叶，以幼虫取食水稻根部造成危害。成虫沿叶脉啮食稻叶，残留一层表皮，形成长白斑，斑长短不一，长度一般不超过 3cm，宽 0.4 ～ 0.8mm，多为 0.5mm。低龄幼虫钻食稻根使其呈空筒状，老龄幼虫咬食须根，引起根系变黑或腐烂。受害稻株变矮小、分蘖减少、成熟期推迟、产量降低。

3. 寄主范围

成虫寄主范围广泛，有 10 科 64 种植物，主要为禾本科（Poaceae）、莎草科（Cyperaceae）植物，以稻（*Oryza sativa*）、玉蜀黍（*Zea mays*）及高粱（*Sorghum bicolor*）受害最为严重。幼虫寄主较少，主要寄主为水稻。

4. 生活史与习性

稻水象甲在我国 1 年可发生 1 ～ 2 代，年发生世代数主要受区域气候和水稻栽培条件影响。在寒冷和单季稻区（如河北、辽宁、吉林、北京和山东等地）每年发生 1 代，在温暖和双季稻区（如浙江温岭、玉环等地）每年发生 1 代或 2 代，在温州等沿海地区和台湾的双季稻区每年发生 2 代。以成虫在稻草、田间稻茬和水田周围的大型禾本科杂草、田埂土中、落叶下及住宅附近的草地中越冬。各地均以第一代幼虫为害早稻，第一代成虫羽化后大多迁飞到稻田附近的山上越夏、越冬，仅少量个体发育为第二代。在陕西汉中市，稻水象甲 1 年发生 1 代。越冬成虫于 3 月上旬中后期（温度 10 ～ 15℃）开始活动，在 5 月下旬至 6 月上旬为幼虫活动盛期，在山区的虫态发育较平川晚 15 ～ 20d 左右，初秋时期成虫由田埂向沟渠转移，进入越冬期。越冬成虫主要在沟渠边 0 ～ 5cm 土壤中。

稻水象甲有两性生殖型和孤雌生殖型，在我国仅见孤雌生殖型。成虫具有假死性、趋光性、滞育迁飞性、群居性和趋嫩性等习性，且喜欢潜泳与钻土。成虫多在植株基部水线下产卵，卵单产在叶鞘内。成虫产卵期 30 ～ 50d，卵期约 7d。幼虫共 4 龄，有较强的群居性，一至二龄幼虫可蛀入稻根，三至四龄取食根表，常造成断根。幼虫期 30 ～ 40d，老熟幼虫结土茧附着在稻根上化蛹，蛹期 1 ～ 2 周。稻水象甲在晚稻上虫量少、危害轻；

在单、双季稻混栽区，早稻上的发生量大于单季晚稻和连作晚稻，在单季稻上成虫的发生期要早于连作晚稻，且发生量也大于连作晚稻。

5. 在中国分布区域

2003年在陕西省汉中市留坝县首次发现，目前在汉中市各县（区），以及安康市除白河县外的各县（市、区）均有发生分布。截至2023年，已在北京、天津、河北、山西、内蒙古、辽宁、吉林、黑龙江、浙江、安徽、福建、江西、山东、河南、湖北、湖南、广东、广西、重庆、四川、贵州、云南、陕西、宁夏、新疆共25个省份发生分布。

稻水象甲（王清文　提供）
A.成虫　B.卵　C.幼虫

稻水象甲为害状（王清文　提供）
A.成虫为害状　B.幼虫为害状

主要参考文献

杨少雄，杨桦，张吉昌，等，2014. 陕西省稻水象甲种群发生规律. 西北农业学报，23(1): 108-112.

余守武，杨长登，李西明，2006. 我国稻水象甲的发生及其研究进展. 中国稻米(6): 10-12.

二十、烟草甲

烟草甲［*Lasioderma serricorne*（Fabricius）］属鞘翅目窃蠹科，又称烟草窃蠹、枣甲虫、枣窃蠹。烟草甲原产于南美洲，现在世界各地广泛分布。传入国内时间不详。

英文名：cigarette beetle

1.形态特征

成虫雌虫体长约3mm，雄虫约2.5mm。体呈宽椭圆形，背面隆起，亮褐色或亮赤褐色，有光泽，全身密生黄褐色细毛。头部宽大，隐于前胸背板下。复眼圆形、黑色。触角11节，第四至十节呈锯齿形。前胸背板明显下弯，其后缘与鞘翅基部等宽而密接。小盾片三角形，下凹。鞘翅上散生小刻点，近端部外缘突出弯曲，与鞘翅基部等宽而密接，覆盖腹末节。足较短。

卵长椭圆形，长0.4～0.5mm，，淡黄白色，壳表有蜡质物，表面光滑。

幼虫共5龄。老熟幼虫体长约4mm，淡黄白色，圆筒形，弯曲呈C形，全身密生淡色细长绒毛。头部褐色或淡黄色，额中央两侧各有1个深色斑，有胸足3对。

蛹长约3mm，宽1.5mm，初为乳白色，后为淡黄白色。复眼褐色，唇须、触角、翅及足与身体分离外露，前胸背后角向两侧显著突出，头向下弯，前胸背板后缘两侧角明显突出，雌蛹腹末腹面有乳头状突起1对，雄蛹突起不明显，呈球状。

2.为害症状

烟草甲属于世界性的烟仓主要害，食性广泛、繁殖量大，尤其对贮藏烟草为害严重，在各贮烟仓库、烟叶复烤厂和卷烟厂，甚至烟叶收购站等均有不同程度的发生。幼虫钻蛀潜伏为害，被害烟叶呈圆形穿孔状，严重时叶片被吃光，仅留叶脉，烟叶成丝率降低，增加卷烟原料耗用量，被害烟支穿孔漏气而无法抽吸。该虫尤其喜食正在醇化的烟叶，可随加工的烟丝进入卷烟内部，蛀食烟丝，蛀穿卷烟纸，虫尸、虫粪污染烟叶和烟草制品，严重影响烟叶的可用性和卷烟质量。

3.寄主范围

寄主广泛，主要为害烟叶、烟草种子、卷烟、雪茄烟、茶叶、谷物及其制品、豆类、花生仁、红枣、胡椒、干辣椒、油料及籽饼、动植物标本、可可豆、咖啡豆、干鱼、干肉、蚕丝及丝织物、皮毛及其制品、书籍、藤竹制品、蜂蜡、酵母等，也取食如菊花、白莲、天冬、生姜等一些干的药用植物和香料植物。

4.生活史与习性

烟草甲在北方1年可发生2～3代，南方4～8代，有世代重叠现象，各地多以不同龄期的幼虫越冬，少数以蛹越冬。每完成一代需要44～70d。卵期6～25d，夏季约7d，幼虫期30～50d，蛹期8～10d。在25℃且相对湿度70%的条件下，雌虫寿命31d，雄虫寿命28d。在仓库内一般以5—9月为发生盛期。卵单产于粮粒表面及碎屑中，或茶叶、烟草、干枣皱褶处和仓库缝隙处，每头雌虫一生可产卵50～100粒，在20～25℃条件下，单雌产卵量为45～116粒。初孵幼虫蛀入烟叶中肋、香烟内部取食，老熟幼虫在包装物、烟包内作白茧化蛹。成虫善于爬行或短距离飞翔，有假死性和趋光性，白天或光线强时潜伏于缝隙黑暗处，黄昏和夜间活动，不取食烟叶。初孵幼虫具负趋光性，喜黑暗。

烟草甲最适的发育温度为30℃，幼虫在19.5℃下停止活动，低于15.5℃进入休眠，高湿（＞90％）和低湿（≤30％）条件对幼虫的生存均不利。烟草甲的近距离传播借成虫飞翔和爬行，远距离传播由寄主食物、包装物、运输工具等携带各虫态在运输转运中扩散蔓延。

5.在中国分布区域

目前分布于西北、东北、华北、华东、华南、西南等大部分地区。

烟草甲（白月亮　提供）
A.成虫　B.幼虫

烟草甲为害状（白月亮　提供）
A.受烟草甲为害的烟叶　B.受烟草甲为害的雪茄

主要参考文献

吕建华,袁良月,2008.烟草甲生物学特性研究进展.中国植保导刊,178(9): 12-15.
张炳炎,2016,中国枣树病虫草害及其防控原色图谱.甘肃兰州:甘肃文化出版社.
张青文,刘小侠,2013.农业入侵害虫的可持续治理.北京:中国农业大学出版社.

二十一、谷蠹

谷蠹 [*Rhyzopertha dominica* (Fabricius)] 属鞘翅目长蠹科，又称谷长蠹、米长蠹，

是贮藏谷物的重要害虫。谷蠹原产于印度，国外分布于澳大利亚、大洋洲、印度和阿拉伯半岛。传入国内时间不详。

英文名：lesser grain borer

1. 形态特征

成虫体长2.4～3.0mm，圆筒形，暗褐色至黑褐色，稍有光泽。头部下弯，隐在前胸下，复眼圆形，黑色。触角11节，末端3节呈明显的三角形，并带黄棕色。前胸背板中央突起，上面着生许多小圆形瘤突（以同心圆排列）。鞘翅轮廓逐渐弯曲，细长，末端向后下方斜削，每鞘翅上着生由刻点排成的纵点纹9条。足粗短，各着生胫距2个，跗节5节。

卵椭圆形，长约0.5mm，一端较大，另一端略尖而微弯，初产下时乳白色，半透明状，孵化过程中色泽变深。

幼虫老熟时体长约3.5mm。初孵化时呈乳白色，老熟后呈淡棕色。头部很小，三角形，并带黄棕色。上颚着生3齿，无眼。触角短小，2节，末端着生小乳状突起及刚毛4根。胴部共12节，前端较粗，中部较细，后部又稍粗并弯向腹面。胸足3对，很细小，带灰黑色，全体疏生淡黄色细毛。

蛹体长约3mm，头下弯，体呈乳白色，复眼、口器、触角及翅略带褐色。腹部7节，鞘翅和后翅伸达第四腹节，自第五腹节以后，各节略向腹面弯曲，腹末节狭小，着生一对分节小刺突，雄虫的为2节，雌虫的为3节。

2. 为害症状

成虫和幼虫均能为害。初孵幼虫自粮粒胚部为害，蛀食种子的胚，最终将粮粒蛀成空壳；也可为害粉状粮食。此外，幼虫可蛀食木材、竹子等，破坏仓房木质结构。

3. 寄主范围

食性极其复杂，不仅可为害所有禾谷类作物及其产品、豆类、干果及药材植物的种子，且能为害竹、木材及其制品和皮革、图书等，其中以稻（*Oryza sativa*）和小麦（*Triticum aestivum*）受害最严重。

4. 生活史与习性

在华中地区1年发生2代，华南地区1年发生2～5代。多数以成虫越冬，少数以幼虫越冬。越冬场所一般在发热粮中，若粮温下降则会向粮堆下层转移或蛀入仓底和四周木板内越冬。在7—8月间，卵历期6～7d，幼虫发育历期为26.5d，幼虫共5龄，每4天蜕皮1次，蛹发育历期为1d，成虫羽化3d后开始交配；5—6月和9月间，卵发育历期11～12d，幼虫发育历期为29d，前蛹期为5d，蛹期为14d。成虫期长，成虫羽化4天后开始交配。交配都多在夜间进行，一次需时20～30min，交配5～8h后开始产卵。

谷蠹属喜温性储藏物害虫，温度对各发育历期影响显著。在18～36℃间，可进行正常的生长发育和繁殖，随温度升高，发育速率加快，繁殖力增强。

5. 在中国分布区域

分布于北京、天津、内蒙古、黑龙江、山西、山东、河南、陕西、甘肃、青海、四川、云南、贵州、广东、广西、湖南、湖北、江苏、浙江、江西、安徽和福建，以南方分布最普遍，在东南沿海地区发生率最高。

谷蠹（白月亮　提供）
A.成虫　B.幼虫

谷蠹为害麦粒（白月亮　提供）
A.受害的单个麦粒　B.成虫取食麦粒状

主要参考文献

李丹丹,周庆,严晓平,等,2021.不同储粮环境下谷蠹的地理分布特征研究.中国粮油学报,36(2):121-125.

沈兆鹏,1995.谷蠹生物学特性与防治的关系.粮油仓储科技通讯(1):28-31.

姚康,1986.仓库害虫及益虫.北京:中国财政经济出版社.

张立力,权永红,1995.谷蠹生态学特性的研究.中国粮油学报,10(4):12-17.

张友兰,1986.谷蠹在室温下的生活史探讨.粮油仓储科技通讯(6):29-32.

二十二、美洲斑潜蝇

美洲斑潜蝇（*Liriomyza sativae* Blanchard）属双翅目潜蝇科斑潜蝇属，又名蔬菜斑潜蝇、蛇形斑潜蝇、甘蓝斑潜蝇。原产于南美洲。1993年，在我国海南省三亚市首次发现。

英文名：vegetable leaf miner

1. 形态特征

成虫体长1.3～2.3mm，浅灰黑色。额、颊、颜和触角呈金亮黄色，眼后缘黑色，中胸背板亮黄色，腹侧片有1个三角形大黑斑，体腹面黄色。足基节和腿节鲜黄色，胫节和跗节色深；前足棕黄色，后足棕黑色。

卵长0.3～0.4mm，宽0.15～0.2mm，长椭圆形，初期淡黄白色，后期淡黄绿色，半透明状。

幼虫初龄幼虫体长0.4mm，三龄4mm，蛆状，初无色，后变为浅橙黄色至橙黄色，后气门突呈圆锥状突起，顶端3个分叉，各具1个开口。

蛹长1.5～2.1mm，宽0.5～0.8mm，围蛹椭圆形，初期淡黄色，中期黑黄色，末期黑色至银灰色，腹面稍扁平，后气门呈三叉状。

2. 为害症状

为害表现在3个方面：

（1）以幼虫在植物叶片中潜食，破坏叶绿素和叶肉细胞，降低光合作用而使植株受害。

（2）雌成虫用产卵器在植物叶片上刺孔取食和产卵，刺孔形成的刻点也能降低植物光合作用。

（3）幼虫的潜道和成虫取食形成的刺孔会使病原菌乘虚而入，使植株染病。

所有这些因素都会使植株受害，作物产量下降。同时观赏植物的叶片被害后叶片上潜道纵横，虫斑累累，严重降低观赏价值。

3. 寄主范围

美洲斑潜蝇是一种典型的多食性害虫，我国自1993年首次发现以来，已发现葫芦科、豆科、十字花科、菊科、茄科、大戟科、胡麻科、百合科等33科170种植物为其寄主。上述植物中，尤以豆科的菜豆（*Phaseolus vulgaris*）、豇豆（*Vigna unguiculata*）、扁豆（*Lablab purpureus*），茄科的茄（*Solanum melongena*）、辣椒（*Capsicum annuum*）、番茄（*S. lycopersicum*）、马铃薯（*S. tuberosum*），烟草（*Nicotiana tabacum*），龙葵（*S. nigrum*），菊科的茼蒿（*Glebionis coronaria*）、莴苣（*Lactuca sativa*），葫芦科的黄瓜（*Cucumis sativus*）、丝瓜（*Luffa aegyptiaca*）、西瓜（*Citrullus lanatus*）以及大戟科的蓖麻（*Ricinus communis*）受害最重。

4. 生活史与习性

美洲斑潜蝇属于全变态昆虫,一生经历卵、幼虫、蛹、成虫4个发育阶段。生活史和年发生代数因地而异,受环境条件尤其是温度的制约特别明显。在低纬度和冬季温度较高的地区以及温室、塑料大棚有寄主植物存在的情况下,全年都能繁殖和危害,无越冬现象。冬季温度较低的地区则以蛹在不同深度的土层和植株残枝落叶中越冬。从南到北,年发生世代数逐渐减少,种群发生高峰依次推迟,且随纬度向北推移。由于该虫在不同寄主温湿度等条件下各虫态历期差异较大,因而世代重叠现象严重。

成虫具有趋光性、趋绿性和趋化性,对黄色的趋性更强。具有一定飞行能力。雌虫喜欢在豆类、瓜类、番茄等叶片上产卵,以产卵器刺伤叶片,吸食汁液,把卵产在部分伤孔表皮下,末龄幼虫咬破叶表皮在叶外或土表下化蛹,经7～14d羽化为成虫。成虫大部分在上午羽化,8时至14时是成虫羽化高峰期。一般雄虫较雌虫先出现,成虫羽化后24h即可交尾产卵,雌虫一生只交尾一次。幼虫在叶片组织内取食,形成弯曲状蛇形蛀道。幼虫老熟后从蛀道顶端咬破钻出,在叶片上或滚落在土壤中化蛹。

5. 在中国分布区域

除青海、西藏和黑龙江以外均有发生。

美洲斑潜蝇为害状(张世泽　提供)
A.叶片受害状　B.整株受害状

主要参考文献

郝丹东,2004.美洲斑潜蝇发生规律与防治技术研究.杨陵:西北农林科技大学.

蒋力,2019.蔬菜上美洲斑潜蝇的识别与防治.现代农业,514(4):35-36.

李巧芝,柴俊霞,2021.大豆病虫害识别与绿色防控图谱.郑州:河南科学技术出版社.

秦厚国,叶正襄,2002.美洲斑潜蝇研究.南昌:江西科学技术出版社.

二十三、南美斑潜蝇

南美斑潜蝇［*Liriomyza huidobrensis*（Blanchard）］又名拉美斑潜蝇。属双翅目潜蝇科斑潜蝇属，是一种世界性的外来入侵害虫。现已扩散分布于5大洲40多个国家。1993年，首次在我国云南嵩明县杨林镇发现。

英文名：south American leaf miner

1. 形态特征

成虫体长1.8 ～ 2.2mm，额明显突出于眼，橙黄色，内外顶鬃着生处色暗，中胸背板亮黑色，中鬃较粗壮，排列成不规则的4行。足基节黄色，有黑纹，腿节基本为黄色，但具黑色条纹；腔节、跗节棕黑色，中室较大。

卵椭圆形，乳白色，微透明，散产于叶片表皮之下。

幼虫蛆状，初孵时为半透明，后为乳白色，口针黑色，老熟幼虫体长2.3 ～ 3.2mm，后气门突具6 ～ 9孔。

蛹椭圆形，初蛹为乳白色，后变为黄褐或黑褐色，腹面略扁平。

2. 为害症状

成虫和幼虫均可对寄主植物造成危害。雌成虫用其产卵器刺破植物叶片的表皮，雌、雄成虫从孔中吸取流出的汁液，其中有产卵孔也有取食孔，当种群密度较大时，同一叶片表面留下的孔可达数百个，严重影响植物的光合作用，使植物的蒸腾作用加大，易失水而死亡。

幼虫取食叶肉，在叶片上留下弯曲的蛇形蛀道，破坏海绵组织和叶绿素，使作物生长减慢，影响作物的产量和质量，严重时可造成大面积的幼苗死亡或植株枯萎，甚至完全绝收。

3. 寄主范围

该虫寄主植物范围相当广泛，有39科287种，发现主害作物有13科35种。最嗜食作物包括豆科、葫芦科、茄科、菊科、苋科、石竹科等，如豇豆（*Vigna unguiculata*）、菜豆（*Phaseolus vulgaris*）、蚕豆（*Vicia faba*）、丝瓜（*Luffa aegyptiaca*）、黄瓜（*Cucumis sativus*）、西葫芦（*Cucurbita pepo*）、旱芹（*Apium graveolens*）、番茄（*Solanum lycopersicum*）、茄（*Solanum melongena*）、辣椒（*Capsicum annuum*）、马铃薯（*Solanum tuberosum*）、圆锥石头花（*Gypsophila paniculata*）等，也为害小麦（*Triticum aestivum*）、大麦（*Hordeum vulgare*）和玉蜀黍（*Zea mays*）等粮食作物和田间杂草。

4. 生活史与习性

在广东1年可发生14 ～ 17代，北京地区每年可发生8代左右，乌鲁木齐每年可发生7代。世代重叠严重。在我国南方可终年发生，无越冬现象；北方地区以蛹在土壤中越冬，或在保护地内越冬。发育最适温度为20～25℃，温度升至30℃以上时，虫口密度下降。炎夏高温多雨季节田间虫量很少，直至9月气温降低，虫量逐渐回升。

成虫喜光，对黄色有较强的趋性。成虫羽化高峰在8时至12时，羽化后1d即可交配。有连续取食的习性，雌蝇取食时先用产卵器刺烟叶表面，然后用口器舔吸，1个雌蝇1d刺成的取食产卵孔多达400多个。雄蝇常在雌蝇刺成的取食孔内舔食，舔食次数及食量均比雌蝇少。多在烟叶正面或背面表皮下产卵，单粒产下，4～6d后产卵孔内初孵化幼虫活动取食。

幼虫的生活习性主要表现为潜食行为。一、二龄幼虫取食量较少，潜道短、窄，三龄幼虫常在烟叶正面或背面交替取食，从而交替出现可见的烟叶正面潜道或背面潜道，潜道叶面色浅。有的幼虫为害烟苗叶的主脉或叶柄。幼虫在潜道里常来回取食，使潜道连成一片，形成潜食斑，潜道两侧有黑色排泄物。末龄幼虫常在落到有孔隙的表土下约1cm处化蛹，幼虫化蛹约需5h。

5. 在中国分布区域

我国于1993年首次在云南发现南美斑潜蝇为害，在1994—1995年贵州地区发现为害，1996—1997年在四川地区造成大面积严重危害甚至绝收，随后迅速扩散，现已入侵到黑龙江、辽宁、北京、天津、山东、河北、河南、甘肃、新疆、青海、宁夏、云南、贵州、四川、福建、湖北、重庆、陕西、山西、内蒙古等省份，近10年，尽管南美斑潜蝇在我国入侵地的整体发生情况相对减弱，但仍然是西南、西北和东北等地温室和部分露地蔬菜的主要入侵害虫之一。2017年7月，西藏拉萨温室蔬菜上首次发现其严重为害。

南美斑潜蝇为害状（张世泽　提供）

主要参考文献

郭书普，2010. 新版果树病虫害防治彩色图鉴. 北京：中国农业大学出版社.

李继东，赵克思，段培奎，2004. 南美斑潜蝇不同寄主植物嗜好性的研究. 中国植保导刊，24(9): 14-15.

商鸿生，王凤葵，张敬泽，2003. 绿叶菜类蔬菜病虫害诊断与防治原色图谱. 北京：金盾出版社.

商胜华，杨茂发，孟建玉，2016. 贵州烟草昆虫图鉴. 贵阳：贵州科技出版社.

王久兴，2004. 图解蔬菜病虫害防治. 天津：天津科学技术出版社.

二十四、黄麦秆蝇

黄麦秆蝇［*Meromyza saltatrix*（Linnaeus）］属双翅目黄潜蝇科麦秆蝇属，又称绿麦秆蝇。该虫起源于北美洲，国外分布于欧洲多国以及加拿大和美国等。传入我国时间、地点不详。

英文名：wheat stem maggot

1. 形态特征

成虫雄虫体长 3.0 ~ 3.5mm，雌虫 3.7 ~ 4.5mm。体呈黄绿色，复眼黑色，有青绿光泽。翅透明，有光泽，翅脉黄色。胸部背面有 3 条纵线。越冬代成虫腹背纵线为深褐色至黑色，其他世代腹背纵线仅中央一条明显。后足腿节显著膨大，内侧有黑色刺列，胫节显著弯曲。

卵长椭圆形，两端瘦削，长 1mm 左右。卵壳白色，表面有 10 余条纵纹。

幼虫老熟幼虫体长 6.0 ~ 6.5mm，蛆状，黄绿或淡黄绿色。

蛹围蛹，雄蛹体长 4.3 ~ 4.6mm，雌蛹 5.0 ~ 5.3mm。

2. 为害症状

幼虫在寄主茎秆内取食幼嫩组织造成危害。在小麦的不同生育期害状表现不同。在分蘖拔节期，幼虫取食心叶基部与生长点，使心叶外露部分干枯变黄，表现为"枯心苗"；在孕穗期表现为"烂穗"，在孕穗末期受害表现为"坏穗"；而在抽穗初期表现为"白穗"。在新疆、内蒙古、宁夏以及河北张家口、山西北部、甘肃部分地区对春小麦为害严重，在晋南及陕西关中北部主要为害冬小麦。

3. 寄主范围

主要为害小麦（*Triticum aestivum*），也为害大麦（*Hordeum vulgare*）、黑麦（*Secale cereale*）以及一些禾本科和莎草科的杂草。

4. 生活史与习性

黄麦秆蝇在冬麦区 1 年发生 4 代，以幼虫在寄主根茎部或土缝中和杂草上越冬。翌年 2—3 月越冬幼虫开始化蛹，蛹期为 10 ~ 12d。4 月中、下旬越冬代成虫进入羽化盛期。成虫在返青的冬小麦上产卵，第一代幼虫为害春季小麦。第一代成虫羽化时，冬麦已进入生育后期；第二、三代幼虫寄生于冬小麦的无效分蘖、野生寄主或自生麦苗上，不影响小麦的产量；第三代成虫在秋播麦苗或野生寄主上产卵；第四代幼虫为害秋苗并越冬。成虫白天活动，早晚栖息于叶背面，寿命 9 ~ 15d。卵产于麦叶基部附近，喜在未抽穗的植株上产卵，抽穗后则产卵很少，且幼虫多不能蛀入茎中。卵散产，每头雌虫产卵量为 12 ~ 42 粒，卵发育历期为 5 ~ 7d。幼虫孵化后蛀入茎内后向下蛀食为害。若小麦主茎被害枯死，常形成很多无效分蘖。幼虫发育历期约 20d，成熟后在叶鞘与茎秆间化蛹。第二代成虫于7月下旬至8月中旬出现，在冰草、芨芨草等杂草上产卵，幼虫在杂草上取食，深秋时爬至杂草的根颈基部越冬。

5. 在中国分布区域

在我国分布广泛，北起黑龙江、内蒙古、新疆，南至贵州、云南，西达新疆、西藏。在青海和四川的阿坝地区也有发生。在河北省张家口、山西北部及内蒙古春麦区危害最重，在陕西、晋南冬麦区也能造成危害。

黄麦秆蝇成虫及幼虫为害小麦后的症状表现（张皓　提供）
A.成虫　B.幼虫为害麦苗引起的"枯心苗"症状

主要参考文献

白双桂，吴建红，陈旭雯，2012. 麦秆蝇的形态特征及防治要点. 青海农林科技 (4): 57.

申洪利，2000. 麦秆蝇的发生及防治. 天津农林科技 (1): 22-23.

An Shu-Wen, Yang Ding, 2005. Notes on the species of the genus *Meromyza* Meigen, 1830 from Inner Mongolia (Diptera: Chloropidae). Annales Zoologici, 55(1): 77-82.

Nishijima Yutaka, 1960. Studies on the barley stem maggot, *Meromyza saltatrix* (Linne), with special reference to the ecological aspects. Journal of the Faculty of Agriculture, 51(2): 381-448.

Safonkin AF, Triseleva TA, Yatsuk AA, et al., 2018. Morphometric and molecular diversity of the Holarctic *Meromyza saltatrix* (L, 1761) (Diptera, Chloropidae) in Eurasia. Biology Bulletin of the Russian Academy of Sciences, 45: 310-319.

二十五、橘小实蝇

橘小实蝇（*Bactrocera dorsalis* Hendel）属双翅目实蝇科果实蝇属，也称东方果实蝇、芒果实蝇、柑橘小实蝇。橘小实蝇原产于亚洲热带和亚热带地区，目前已扩散至北美洲、大洋洲和亚洲的许多国家和地区。1911年在我国台湾省首次发现，1934年在海南省发现为害，随后在国内迅速扩散蔓延。

英文名：oriental fruit fly、mango fruit fly

1. 形态特征

成虫体长6～8mm，雄虫略小于雌虫，黄褐色至黑色。额上有3对褐色侧纹和1个位于中央的褐色圆纹。头顶鬃红褐色。触角细长，第三节长度为第二节的2倍。胸部有肩鬃2对，背侧鬃2对，中侧鬃1对，前翅上鬃1对，后翅上鬃2对，小盾前鬃1对，小盾鬃1对。翅透明，翅脉黄褐色，前缘及臀室有褐色带纹。足黄褐色，中足胫节端部有红棕色距。腹部黄色，卵圆形，第一、二节背面各有一条黑色横带，从第三节开始中央有一条黑色的纵带直抵腹端，构成一个明显的T形斑纹。雌虫产卵管发达，由3节组成，黄色扁平。雄虫第三腹节背板后缘两侧有栉毛。

卵梭形，长约1mm，宽约0.1mm，乳白色。

幼虫共3龄，蛆形，无头无足型，老熟时体长约10mm，黄白色，前气门具8～12个指状突。后气门板1对，新月形，其上有3个椭圆形裂孔。肛门隆起明显突出，全都伸到侧区的下缘，形成一个长椭圆形后端。

蛹为围蛹，椭圆形，长约5mm，宽约2.5mm，全身黄褐色。前端有气门残留的突起，后端后气门处稍收缩。

2. 为害症状

雌蝇产卵于果皮下，幼虫常群集于果实中取食沙瓤汁液，使沙瓤干瘪收缩，造成果实内部空虚，外表常见变色、软化或有凹陷，受害柑橘常常未熟先黄，早期脱落。雌蝇产卵后，在果实表面留下产卵痕迹，易诱发病原菌入侵。在储运期间，受害果多变质腐烂。

橘小实蝇（刘召　提供）
A.雌成虫　B.幼虫

橘小实蝇为害柑橘
（张皓　提供）
A.受害柑橘未熟先黄
B.幼虫为害柑橘瓤瓣

3.寄主范围

寄主广泛，包括芒果（*Mangifera indica*）、香蕉（*Musa* spp.）、番石榴（*Psidium guajava*）、橙子（*Citrus* spp.）、木瓜（*Carica papaya*）、桃（*Prunus persica*）、南瓜（*Cucurbita moschata*）、葡萄（*Vitis* spp.）、石榴（*Punica granatum*）、荔枝（*Litchi chinensis*）、龙眼（*Dimocarpus longan*）等250余种水果，以及番茄（*Lycopersicon esculentum*）、茄（*Solanum melongena*）、辣椒（*Capsicum annuum*）等茄果类蔬菜。

4.生活史与习性

在不同地区每年发生世代数不一。华南地区每年发生3～5代，无明显的越冬现象，田间世代发生叠置。第一代成虫出现在3—4月间，5月下旬出现全年第一个成虫盛发高峰期，8～9月间出现全年第二个成虫盛发高峰。8月是果园中水果受害最严重的季节。在河南省焦作市，成虫最早于6月初出现，11月中旬消失，在9月中下旬和10月中下旬各出现一次发生高峰期。幼虫对9～10月成熟的果树如冬枣、晚熟梨等危害严重。成虫羽化后需要经历较长时间的营养补充（夏季约10～20d，秋季25～30d，冬季3～4个月）后才能交配产卵。卵产于近成熟的果皮内，每处5～10粒不等。每头雌虫产卵量400～1 000粒。卵期夏秋季1～2d，冬季3～6d。幼虫孵出后即在果内取食为害，被害果常变黄早落；即使不落，其果肉也会变腐烂，不可食用。幼虫期在夏秋季需7～12d，冬季13～20d。幼虫老熟后脱果入土化蛹，深度3～7cm。蛹期夏秋季8～14d，冬季15～20d。

橘小实蝇主要以卵或幼虫随着受害寄主水果、茄果类蔬菜的调运远距离传播和扩散，也可以蛹随着寄主苗木的调运传播。此外，成虫也通过飞行进行较长距离的扩散。

5.在中国分布区域

目前在海南、广东、广西、福建、云南、重庆、四川、贵州、湖北、湖南、江苏、山东、河北、北京、陕西省地有分布。在陕西省未见越冬。

主要参考文献

郭二庆,李加汇,林开创,等,2022.豫北地区橘小实蝇种群动态监测.中国植保导刊,42(8): 33-36.

袁彬乔,赵向杰,侯珲,等,2023.中国橘小实蝇不同地理种群遗传多样性分析.昆虫学报,66(2): 235-244.

Saleem J, Hussain R S A, Lu Y, 2023. Understanding the invasion, ecological adaptations, and management strategies of *Bactrocera dorsalis* in China: a review. Horticulturae, 9(9): 1004.

二十六、南亚果实蝇

南亚果实蝇 [*Bactrocera tau* (Walker)] 属双翅目实蝇科实蝇属，又名南瓜实蝇，瓜蛆。1933年，首先在日本被发现并命名，国外仅分布于东亚的日本、韩国。2007年，被我国列为进境植物检疫性有害生物。

英文名：pumpkin fruit fly

1. 形态特征

成虫体、翅长5.7～10.5mm，黑色与黄色相间。头部颜面黄色；颜面斑黑色，中等大，近卵形。上侧额鬃1对，下侧额鬃2～3对或以上；具内顶鬃、外顶鬃和颊鬃；单眼鬃细小或缺如。触角长于颜面长，末端圆钝。中胸背板黑色带橙色或红褐色区；介于缝后中黄色条和侧黄色条之间的大部区域、肩胛后至横缝间的2大斑、背板中部前缘至黄色中纵条前端的狭纵纹均为黑色；肩胛、背侧胛、缝前1对小斑均为黄色；缝后侧黄色条终止于翅内鬃着生处或其之后处，缝后中黄色条泪珠状；前翅上鬃、小盾前鬃和翅内鬃存在，背中鬃缺如。小盾片黄色，具黑色基横带，小盾鬃2对。后小盾片和中背片中部均为浅黄色或橙褐色，两侧带暗色斑。翅斑褐色，前缘带于翅端扩成1椭圆形斑，该斑约占据R4+5室宽度的1/3；dm-cu和r-m横脉上均无横带；臀条宽阔，伸达后缘；A1+ CuA2脉段周围密被微刺；bm 室长是宽的2.5倍，其宽是cup室宽的2倍；cup 室后端角延伸段长，其长度超过A1+ CuA2脉段长。足淡黄色，腿节有暗色斑。腹部黄色到橙褐色。第二、三腹背板的前部各具1黑色横带；第四、五腹背板的前侧部常具黑色短带；黑色中纵条自第三腹背板的前缘伸达第五腹板后缘，第五腹背板具腺斑。雄成虫第三腹节具栉毛，第5腹节腹板后缘浅凹。产卵器基节长是第五腹背板长的1.2倍；产卵管端尖，具端前刚毛4对，长、短各2对，不具齿；具2个骨化的受精囊。雌虫体略大于雄虫，雄虫侧尾叶后叶长。

卵长约1mm，梭形，乳白色。一端钝圆，另一端尖并略向内弯曲。

幼虫共3龄，乳白色或者淡黄色，蛆形。前端小而尖，后端大而圆。口钩黑色，强大，有端前齿。老熟幼虫体长约10mm，有两个气门。前气门呈环状，具指状突14～18个。

蛹长约5mm，宽约2.5mm，椭圆形，黄褐色，蛹体前后两端可见前、后门的痕迹。

2. 为害症状

主要以幼虫蛀食瓜果果肉为害。受害轻的，瓜不脱落，但生长不良，摘下贮存数日即变腐烂；受害重时，致瓜脱落，整瓜被蛀食一空，全部腐烂，严重时造成大量落瓜落果，损失一般在10%～70%。在广西、重庆等地大面积为害，果园受害率可达到30%，部分果园受害率超过80%。

3. 寄主范围

寄主达80多种。除为害甜瓜属（*Cucumis*）、南瓜属（*Cucurbita*）、丝瓜属（*Luffa*）、

冬瓜属（*Benincasa*）、苦瓜属（*Momordica*）、葫芦属（*Lagenaria*）、番木瓜属（*Carica*）、西番莲属（*Passiflora*）、茄属（*Solanum*）、番茄属（*Lycopersicon*）、西瓜属（*Citrullus*）等寄主外，也可取食为害柑橘（*Citrus reticulata*）、木瓜（*Pseudocydonia sinensis*）、番石榴（*Psidium guajava*）、芒果（*Mangifera indica*）、蒲桃（*Syzygium jambos*）、文定果（*Muntingia calabura*）和罗汉果（*Siraitia grosvenorii*）等。

4. 生活史与习性

在海拔100m至几千米的梯度范围内均有分布，随着海拔高度上升，发生世代数逐渐减少。在海拔200～500m的区域1年发生3～4代。以蛹在土中或成虫于卷曲枯叶中越冬。世代重叠明显，5—10月可见各虫态同时存在。翌年4月中、下旬蛹开始羽化为成虫，气温低时不活动。6月中旬至10月下旬为成虫盛发期，7、8、9月各有1个高峰期；11月以后气温降低开始越冬，躲藏在避风避雨、湿度小的蕉藕、芭蕉、油桐等阔叶植物的卷曲枯叶中群居越冬，群居量大的1片枯叶中可达100头以上。

成虫迁飞能力强，对糖酒醋液有一定趋性，对水解蛋白及果瑞特、引诱酮的趋性更强；有强烈的趋绿性，趋黄性，对红色有趋避性。每头成虫可交尾多次。卵多产于瓜果的新伤口、裂缝处或幼嫩瓜果中，每头雌虫产卵89～121粒，多的达270粒，产卵期可持续18～60d。幼虫在瓜果内发育成熟后会脱出入土化蛹，入土深度不同，一般为2～3cm，疏松土壤可深达10cm。幼虫有弹跳性，离开受害瓜果时迅速弹跳移动，寻找栖息化蛹场所。扩散和适应力很强，卵和幼虫随寄主果实传播。

5. 在中国分布区域

目前分布于浙江、湖北、江西、湖南、福建、广东、海南、广西、四川、江苏等省份。

南亚果实蝇及其为害状（高旭渊　提供）
A.雌成虫　B.雄成虫　C.为害状

主要参考文献

施伟, 2010. 南亚果实蝇分子生物学研究概况. 植物检疫, 24(6): 40-41.

吴佳教, 梁帆, 梁广勤, 2009. 实蝇类重要害虫鉴定图册. 广东省出版集团, 广东科技出版社.

张小亚, 陈国庆, 孟幼青, 等, 2012. 不同寄主植物对南亚果实蝇行为趋性及发育的影响. 浙江农业科学(4): 537-539.

张艳, 陈俊谕, 2018. 南亚果实蝇国内研究进展. 热带农业科学, 38(11): 70-77.

Waqar, Jaleel, Lihua, 2018. Biology, taxonomy, and IPM strategies of *Bactrocera tau* Walker and complex species (Diptera; Tephritidae) in Asia: a comprehensive review. Environmental Science and Pollution Research, 25, 19346–19361.

二十七、麦蛾

麦蛾 [*Sitotroga cerealella* (Oliver)] 属鳞翅目麦蛾科, 又称谷蛾。原产于墨西哥, 传入我国时间不详。

英文名: angoumois grain moth

1. 形态特征

成虫体长4 ~ 5mm, 翅展14 ~ 18mm, 体黄褐色或淡褐色。头顶光滑, 触角丝状, 复眼黑色, 下唇须发达, 向上翘并超过头顶3节。前翅竹叶形, 翅面零星散布由较暗的鳞片所构成的不规则小斑点; 后翅菜刀形。前后翅缘毛长而密, 前翅缘毛几乎与翅宽等长, 后翅缘毛约为翅宽的2倍。雌蛾腹部较粗, 腹末尖; 雄蛾腹部较细, 腹部两侧带灰黑色, 腹末钝形。

卵扁平椭圆形, 长约0.5mm, 一端较细, 呈平截状, 表面有纵横凹凸纹数条。

幼虫体长4 ~ 8mm, 淡黄白色。头小, 淡黄褐色; 胸部稍肥大, 向后逐渐细小。全体光滑, 略有皱纹, 无斑点, 刚毛细小。胸足极短小, 腹足5对都退化成小突起, 末端有微小趾钩1 ~ 3个。

蛹体长5 ~ 6mm, 黄褐色。长翅狭长形, 并伸达第六腹节, 各腹节两侧各有一细小瘤状突, 腹末端圆而小, 其背中央有一深褐色短而直的角刺, 其左右两侧各有1个褐色角状突起。

2. 为害症状

以幼虫蛀入为害贮藏的粮粒, 造成重量损失, 其中小麦损失约43.8%, 玉米为13.1% ~ 24%; 通常被害的小麦、稻谷籽粒均丧失发芽力。幼虫也可在田间为害小麦, 通常一代幼虫孵化盛期正值小麦灌浆初、中期, 幼虫蛀入种皮为害胚乳, 受害早的麦粒被害处变为黑色, 影响灌浆, 失去食用价值, 受害晚的可以正常灌浆, 仍可食用。

3. 寄主范围

寄主有小麦（*Triticum aestivum*）、玉蜀黍（*Zea mays*）、大麦（*Hordeum vulgare*）、稻（*Oryza sativa*）、高粱（*Sorghum bicolor*）、禾本科杂草种子以及食用菌等。

4. 生活史和习性

在南方1年可发生4~6代，北方2~3代，大多数以老熟幼虫在仓内的麦粒中越冬，也可随播下的麦种在土壤中越冬。越冬幼虫翌年4月上旬开始化蛹，化蛹前结白色薄茧，蛹期5天。4月下旬成虫开始羽化，羽化多在清晨进行。成虫寿命约13天，粮仓内的成虫羽化1天后，一般在6时至7时及18时，在粮面或与粮食相接近的仓板上，以及光线较为阴暗处交尾，中午则静立于粮粒缝隙间不活动。交尾后24h产卵，粮仓内卵多产于粮堆表层20mm处，也有飞到田间将卵聚产或散产于玉米粒上、稻谷的护颖中以及小麦的腹沟内。每头雌虫产卵3~7次，共约389粒。幼虫可转粒为害，在21~35℃时发育迅速。幼虫对粮粒的蛀食与粮粒外壳的有无和外壳的紧密程度有关。一般对无外壳的粮粒，如大米、小麦的蛀食率高于稻谷，且若稻谷内外颖不够紧密，则受害率高。

5. 在中国分布区域

除了新疆和西藏未发现外，各地粮仓均有发生分布，在江南地区危害尤其严重。

麦蛾形态特征（白月亮　提供）
A.成虫　B.幼虫　C.蛹

主要参考文献

白旭光，王殿轩，吕建华，等，2008. 储藏物害虫与防治. 北京：科学出版社.

王连霞，2007. 麦蛾 [*Sitotroga cerealella* (Olivier)] 生物学特性及人工饲养技术. 黑龙江农业科学 (4): 53-55.

吴立民，2000. 麦蛾田间发生规律观察及其应用. 植保技术与推广，20 (1): 6-7.

张祯，陈勇，1957. 麦蛾生活习性的初步观察. 昆虫知识 (6): 256-262.

二十八、红铃麦蛾

红铃麦蛾（*Pectinophora gossypiella*）属鳞翅目麦蛾科铃麦蛾属，又名棉红铃虫。原产于印度，后传播到世界80多个产棉国家。

英文名：cotton pink bollworm

1. 形态特征

成虫体长6.5mm左右，翅展12mm，棕黑色。触角棕色，基节有5～6根栉毛。前翅尖叶形，暗褐色，从翅基到外缘有4条不规则的黑褐色带，靠基角者为1黑点。后翅呈菜刀形，银灰色。雄蛾翅缰1根，雌蛾3根。

卵长椭圆形，长0.4～0.6mm，宽0.2～0.3mm，平坦，卵壳珠白色，表面有细皱纹，初产时乳白色，孵化前变为红色。

幼虫共4龄，一龄体长1mm，淡黄色，胸腹部略带淡红色；二龄体长2～3mm，淡黄色；三龄体长6～8mm，乳白色，逐渐出现红斑；四龄体长11～13mm，头部淡红褐色，上颚黑色，具4个短齿，下面3个尖锐，上面1个较钝。体肉白色，毛片淡黑色，毛片周围为红色斑块。腹足趾钩单序，外侧缺环。

蛹长6～9mm，宽2.5mm。淡红褐色，尾端尖，末端有短而向上弯曲的钩状臀棘。肛门开口大，每边有钩状硬刚毛5～6根，臀钩区也有类似坚硬的钩状刚毛6～8根。

2. 为害症状

以幼虫为害棉花的蕾、花、铃和种子，引起蕾铃脱落，导致僵瓣、黄花，造成棉花产量和品质的严重损失。为害蕾时，从顶端蛀入，蛀孔很小似针尖状，黑褐色，蕾外无虫粪，蕾内有绿色细屑状粪便，小蕾花蕊被吃光后不能开放而脱落；为害铃时，在铃的下部或铃室联缝处或铃的顶部有蛀孔，蛀孔似受害蕾，黑褐色；为害花时，吐丝牵住花瓣，使花瓣不能张开，形成"扭曲花"或"冠状花"；为害种子时，吐丝将两个棉籽连在一起。雨水多时铃常腐烂，雨水少时呈僵瓣花。

曾在我国长江流域棉区为害最重，常年损失率在15%～30%。黄河流域次之，损失率10%～20%。随着我国棉花种植面积急剧萎缩，目前很难见到。幼虫为害棉铃不仅是直接损坏，更多的是因其造成的致病菌入侵而导致棉瓤内纤维腐烂这种次生性损害。

3. 寄主范围

红铃麦蛾为多食性，寄主包括锦葵科、木棉科等8科的77种植物，最嗜棉花（*Gossypium* spp.），此外在咖啡黄葵（*Abelmoschus esculentus*）、大麻槿（*Hibiscus cannabinus*）、蜀葵（*Alcea rosea*）和木槿（*Hibiscus syriacus*）等植物上也有发现。

4. 生活史与习性

红铃麦蛾1年发生2～7代，由北向南逐渐增加。北纬40°以北的辽宁和河北北部棉区为2代区，北纬34°—40°之间的黄河流域大部分棉区为2～3代区，北纬26°—34°之间的长江流域棉区为3～4代区，北纬18°—26°之间的华南棉区为5～7代区。各地均以老熟幼虫结茧在仓库的墙缝、屋顶、棉籽堆、晒花工具和田间的棉柴、枯铃中越冬，其中以棉花仓库中的越冬虫量最多。越冬幼虫一般在第二年温度上升到18～22℃时开始化蛹。非越冬幼虫老熟后在花蕾、棉铃等为害处化蛹，幼虫化蛹前吐丝结茧。24～25℃时开始羽化。成虫夜间7时左右开始活动，深夜2时活动最盛，羽化后24h内进行交尾，雌雄蛾均可多次交尾。交尾后第二天开始产卵，大部分卵在羽化3～8d内产出。成虫寿命11～14d。卵历期3～10d。幼虫期第一代平均14d，第二代为20～25d，越冬滞育幼虫则需180～270d。蛹历期8～12d。全世代历期一般32～33d。

　　成虫昼伏夜出，白天潜伏，夜间活动和交配产卵。飞翔力不强，对黑光灯有趋性。成虫具多次交配习性，羽化后当晚即可交配，交配后第二天开始产卵，单雌产卵量10～100粒，最多可达500多粒。卵散产，第一代卵集中于棉株顶芽及上部果枝嫩芽、嫩叶和幼蕾苞叶上，少数产于嫩茎、叶柄及老叶上；第二代多产在下部的青铃萼片内；第三代多产在中上部的青铃萼片内。幼虫孵化后2h内蛀入蕾铃取食为害，很少转移取食。蛀食棉蕾时，在蕾冠上留下针孔大小的蛀孔，幼虫在蕾内取食花药、花粉；蛀食棉铃时，幼虫从棉铃基部蛀入，先在铃壳内壁潜行一段，形成虫道，然后蛀食棉絮、棉籽。

5. 在中国分布区域

　　除新疆、甘肃的河西走廊、宁夏、青海等省地未发现外，分布遍及其他各省地的棉区。

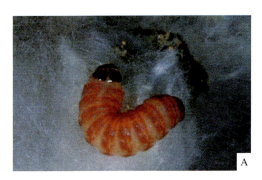

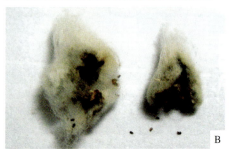

红铃麦蛾形态（吕国强　提供）
A.蛹　B.成虫

红铃麦蛾为害状（吕国强　提供）
A.为害棉铃　B.为害棉籽

主要参考文献

李会平,闫爱华,唐秀光,2013.作物病虫害防治技术.北京:北京理工大学出版社.

李坤陶,李文增,2006.生物入侵与防治.北京:光明日报出版社.

吕国强,2015.粮棉油作物病虫原色图谱.郑州:河南科学技术出版社.

全国农业技术推广服务中心,2007.中国植保手册:棉花病虫防治分册,北京:中国农业出版社.

吴征彬,谢红彬,赵忠利,等,2003.陆地棉新品系对棉红铃虫的抗性研究.华中农业大学学报,22(1): 9-12.

张青文,刘小侠,2013.农业入侵害虫的可持续治理.北京:中国农业大学出版社.

二十九、桃条麦蛾

桃条麦蛾 [*Anarsia lineatella* (Zeller)] 属鳞翅目麦蛾科条麦蛾属,俗称食心虫、桃果蛀虫、桃梢蛀虫、沙枣蛀梢虫等。桃条麦蛾原产于欧洲地中海地区,国内于1965年在新疆首次发现。

英文名:peach twig borer

1.形态特征

成虫体长5.5～7mm,翅展12～15mm。体背灰黑色,腹面灰白色。头部具褐色鳞片。触角基部周围至头顶有灰白色毛簇。触角丝状,长度约达展翅的2/3。下唇须伸出于头的上前方。雄蛾下唇须第二节膨大,下方具毛丛,第三节隐藏于第二节的鳞毛中;雌蛾下唇须第一、二节略小,第三节细长而突出头顶,明显可见。前翅披针形,加缘毛则呈浆形,灰黑色,前缘中间有长条形黑褐斑,中室处有纺锤形黑褐斑,黑褐及灰白色不规则的条纹。后翅灰色,后缘及外缘具长缘毛,基部尤长。后足胫节具长的灰白色毛。

卵椭圆形,长0.5mm,宽0.3mm。初产时白色,后为淡黄色,孵化前为灰紫色。卵表面有皱纹。

幼虫共4～5龄。初龄体长0.7～0.8mm,白色,2～3h后变为暗红褐色,头,前胸背板和胸足深褐色。老熟幼虫体长10～12mm,头、前胸背板和胸足黑褐色,肛上板褐色,臀部污白色。腹足趾钩全环,双序占3/4,单序占1/4,臀足趾钩双序缺环。

蛹长约5.5mm,胸宽1.4～1.9mm。褐黄色,体表布满绒毛,臀棘24根,呈小钩状。

2.为害症状

幼虫早期为害寄主的新梢和花,受害花芽不能开放;受害新梢在蛀孔上部逐渐萎蔫下垂、枯焦;后期主要取食果实,可穿透果核或挖空表皮下的果肉。

3.寄主范围

寄主有桃（*Prunus persica*）、油桃（*Amygdalus persica* var. *nucipersica*）、苹果（*Malus domestica*）、花红（*Malus asiatica*）、樱桃（*Prunus pseudocerasus*）、李（*Prunus salicina*）、

杏（*Prunus armeniaca*）、欧洲李（*Prunus domestica*）、柿（*Diospyros kaki*）等，也为害沙枣（*Elaeagnus angustifolia*）。

4. 生活史与习性

在新疆1年发生4代，以幼龄幼虫越冬。翌年4月上、中旬，平均气温达10℃、叶芽开始萌动时，幼虫开始活动取食。越冬幼虫经18～25d化蛹，再经10～12d羽化。成虫寿命8～12d，以后各代卵期6～10d，幼虫期10d左右，蛹期8～13d，成虫寿命2～9d。一般1个月完成1代，第一代5月至7月上旬，第二代7月上旬至8月上旬，第三代8月上旬至9月上、中旬，以幼龄幼虫越冬。

成虫夜间羽化，昼伏夜出，但趋光性不强，对糖、醋气味有一定趋性。成虫白天躲藏在叶背或其他隐蔽处。卵单产于果实、嫩芽或叶脉旁的叶下，单雌产卵量为80～90粒。

5. 在中国分布区域

分布于新疆、陕西和河北，以新疆发生最严重。

桃条麦蛾（阿地力·沙塔尔 提供）
A.成虫 B.幼虫

桃条麦蛾为害状（阿地力·沙塔尔 提供）
A.幼虫为害新梢 B.受害扁桃果实

主要参考文献

白九维, 赵剑霞, 马文梁, 1980. 桃条麦蛾生物学特性的初步研究. 林业科学 (S1): 127-129, 156.

Brunner JF, Rice RE, 1993. Peach twig borer. WSU Tree Fruit.

三十、番茄潜叶蛾

番茄潜叶蛾 [*Tuta absoluta*(Meyrick)] 属鳞翅目麦蛾科, 又名番茄麦蛾、番茄潜麦蛾、南美番茄潜叶蛾, 起源于南美洲西部的秘鲁。2017年8月首次在我国新疆被发现, 2022年被列入《重点管理外来入侵物种名录》。2023年11月, 农村农业部将其增补纳入《一类农作物病虫害名录》管理。

英文名: tomato leafminer

1. 形态特征

成虫体黄褐色或灰褐色, 稍带银灰色光泽。雌虫体长5.0～6.2mm, 翅展14～16mm; 雄虫体长5.0～5.6mm, 触角丝状。前翅狭长, 鳞片黄褐色或黑褐色, 雌虫臀区鳞片黑褐色, 形成显著的黑色斑纹; 有翅缰3根。雄虫臀区鳞片色泽与其余部分一致, 具有4条黑褐色斑纹。后翅烟灰色, 其前缘基部具有一束长毛。前后翅的外缘和后缘均有长毛。

卵椭圆形, 微透明, 长0.48～0.64mm, 宽约0.4mm, 表面无明显刻纹。初产时乳白色, 微透明且带白色光泽。孵化前变为黑褐色, 带紫蓝色光泽。

幼虫体长11～13.5mm, 头部棕褐色, 体色因食料种类而不同: 为害块茎的呈灰白色, 为害叶片的呈淡黄色或青绿色。胸足淡黄褐色, 胸节微呈红色。老熟时背面呈粉红色或棕色。

蛹棕色, 长6～7mm, 圆锥形, 初期淡绿色, 后变淡黄色至棕黄色, 后期复眼、翅芽、时节均呈黑褐色。茧灰白色, 茧外附有泥土或黄色排泄物。

2. 为害症状

以幼虫取食为害, 可以在番茄植株的任一发育阶段和任一地上部位进行为害。国际马铃薯中心认为番茄潜叶蛾是威胁全球番茄生产的最严重害虫之一。该虫对茄科作物尤其是番茄潜在威胁巨大。

幼虫孵化后便潜入寄主植物组织中, 取食叶肉, 并在叶片上形成细小的潜道, 隐蔽性极强。三至四龄幼虫潜食叶片时, 潜道明显且不规则, 并留下黑色粪便及窗纸样上表皮, 影响植物光合作用, 严重时叶片皱缩、干枯、脱落; 潜蛀嫩茎时, 多形成龟裂影响植株整体发育, 并引发幼茎坏死; 蛀食幼果时, 常使果实变小、畸形, 形成的孔洞不仅影响产品外观, 而且增加采收后人工分拣成本, 甚至会招致次生致病菌寄生, 造成果实腐烂; 蛀食顶梢时, 常使番茄生长点枯死, 形成不育植株, 进而造成丛枝或叶片簇生; 此外, 幼虫还喜欢在果萼与幼果连接处潜食, 使幼果大量脱落, 造成严重减产。

3.寄主范围

番茄潜叶蛾为多食性害虫，已报道的寄主植物包括茄科（Solanaceae）、豆科（Fabaceae）、锦葵科（Malvaceae）、苋科（Amaranthaceae）、旋花科（Convolvulaceae）、藜科（Chenopodiaceae）、菊科（Asteraceae）、十字花科（Brassicaceae）以及禾本科（Poaceae）在内的9科39种（属），其中，主要以马铃薯（*Solanum tuberosum*）、茄（*Solanum melongena*）、番茄（*Solanum lycopersicum*）、辣椒（*Capsicum annuum*）等茄科蔬菜及烟草（*Nicotiana tabacum*）等为主。

4.生活史与习性

在我国西南各省发生重，1年发生6～9代。在南美洲，1年发生10～12代。卵期4～20d，幼虫期7～11d，蛹期6～20d。幼虫老熟后吐丝下垂，主要在土壤中化蛹，入土深度1～2cm。亦可在潜道内、叶片表面皱褶处或果实中化蛹，且常常结一薄层的丝茧以幼虫或蛹在枯叶或贮藏的块茎内越冬。

雌性成虫主要将卵产在植株上部叶片的背面、正面或嫩茎上，少部分产在幼果和果萼上，散产或2～3粒聚产，卵产于叶脉处和茎基部，块茎上多在芽眼、破皮、裂缝等处。幼虫孵化后四处爬，吐丝下垂，随风飘落在邻近植株叶片上潜入为害，块茎上从芽眼蛀入。成虫夜晚活动，有趋光性。

5.在中国分布区域

目前分布于新疆、陕西、山西、甘肃、广西、广东、四川、云南、贵州等地的马铃薯、番茄和烟草产区。

番茄潜叶蛾形态（石祥　提供）
A.幼虫　B.成虫

番茄潜叶蛾为害状（胡祖庆 提供）
A.潜食番茄叶片 B.为害果实

主要参考文献

韩亚琦，2019. 马铃薯病虫草害防治技术. 武汉：武汉理工大学出版社.

何云川，毛植尧，王田珍，等，2022. 番茄潜叶蛾危害特征及14目防虫网的隔离效果. 西北农业学报，31(7)：921-929.

吴焕章，郭赵娟，史小强，2012. 根茎类蔬菜病虫防治原色图谱最新版. 郑州：河南科学技术出版社.

张桂芬，冼晓青，张毅波，等，2020. 警惕南美番茄潜叶蛾 [*Tuta absoluta* (Meyrick)] 在中国扩散. 植物保护，46(2)：281-286.

Desneux N, Wajnberg E, Wyckhuys KAG, et al., 2010. Biological invasion of European tomato crops by *Tuta absoluta*: ecology, geographic expansion and prospects for biological control. Journal of Pest Science, 83(3): 197-215.

三十一、马铃薯块茎蛾

马铃薯块茎蛾 [*Phthorimaea operculella* (Zeller)] 属鳞翅目麦蛾科，又称马铃薯麦蛾、烟草潜叶蛾等。马铃薯块茎蛾起源于中美洲和南美洲的北部地区，国外分布于亚洲、欧洲、北美洲、非洲、大洋洲的上百个国家。1937年在我国广西柳州首次发现。

英文名：potato tuber moth, potato tuberworm

1. 形态特征

成虫体长5～6.5mm，翅展14.2～15.2mm，体灰褐色，略有银灰色光泽，触角丝状。

雌虫臀区黑褐色，形成显著的黑色斑纹，雄虫翅色泽一致，具有4个黑褐色鳞片组成的斑纹，后翅前缘基部有1束长毛，翅缰1根，雌虫3根。

卵椭圆形，微透明，长0.51mm，初产时乳白色，中期淡黄色，孵化前为黑褐色，并有蓝紫色光泽。

幼虫体长5.8～13.8mm，灰白色，有时略带青色，头部棕褐色，前胸背板及胸足黑褐色，腹足趾钩双序环形，趾钩26个左右，臀足趾钩双序横带形，16个左右。

蛹体长6～7mm，棕色，表面光滑。

茧灰白色，长10mm左右，常附有微细土粒或黄色排泄物。

2. 为害症状

以幼虫取食马铃薯、烟草等寄主植物的叶片，多沿叶脉蛀入取食叶肉，叶片残留上、下表皮，呈半透明状，受害叶片易折断，破裂或黄萎干枯，受害严重时50%以上面积可被蛀食。幼虫有时还会吐丝把两张叶片叠起来或卷起来躲在里面取食。也有少数的蛀入叶柄或茎秆内，但是蛀茎并不会引起膨大。幼虫为害贮存的马铃薯块茎时，蛀入块茎内，形成弯曲虫道，蛀孔外可见深褐色粪便，严重时可蛀空整个块茎。田间为害可使马铃薯减产20%～30%，在马铃薯贮存期为害更严重，马铃薯储藏4个月左右受害率可达100%。

3. 寄主范围

在多种作物和杂草上均可发现，主要为害茄科植物，其中以马铃薯（*Solanum tuberosum*）、烟草（*Nicotiana tabacum*）、茄（*S. melongena*）等受害最严重，其次为辣椒（*Capsicum annuum*）、番茄（*S. lycopersicum*）。

4. 生活史与习性

1年可发生4～9代，在四川1年发生6～9代，贵州福泉1年发生5代，河南、山西1年发生4～5代。以幼虫或蛹在田间残留在薯块、残株落叶、挂晒过烟叶的墙壁缝隙及室内贮藏薯块中越冬。越冬代成虫于3—4月出现。田间马铃薯在5月及11月受害较严重，室内贮存的块茎在7—9月受害严重。卵多产于马铃薯块茎上芽眼及破皮或粗糙的表皮上，在烟草上多散产于基部一至四片叶的背面或正面中脉附近，有时也产于烟草茎基部，幼苗期则多产于心叶的背面，有时也产于土缝间。幼虫在薯块上孵化后多从芽眼或破皮处蛀入块茎内，约有30%的在芽眼处吐丝活动，隔1～2d后才钻入薯块内为害。在马铃薯植株上初孵化的幼虫四处爬散，吐丝下垂，随风飘落在邻近植株叶片上潜入蛀食为害。老熟幼虫主要在叶面、地面或烟草、马铃薯的茎秆基部化蛹。成虫昼伏夜出，具有明显的趋光性。在空气流通，阳光充足室内的马铃薯上产卵量大，薯块受害重，田间高温低湿虫量大，发育快，世代重叠严重。国内主要发生在山地和丘陵地区，海拔2 000m以上仍有发生。

5. 在中国分布区域

广泛分布于四川、云南、贵州、广东、广西、湖南、湖北、江西、安徽、甘肃、陕西、山西和台湾等省地。

马铃薯块茎蛾（陈斌　提供）
A.雌成虫　B.雄成虫　C.卵　D.老熟幼虫　E.蛹

马铃薯块茎蛾为害状（陈斌　提供）
A.幼虫为害叶片状　B.幼虫为害马铃薯块茎状　C.薯块被害状

主要参考文献

李秀军, 金秀萍, 李正跃, 2005. 马铃薯块茎蛾研究现状及进展. 青海师范大学学报(自然科学版)(2): 67-70.

闫俊杰, 张梦迪, 高玉林, 2019. 马铃薯块茎蛾生物学、生态学与综合治理. 昆虫学报, 62(12): 1469-1482.

Trivedi TP, Rajagopal D, 1992. Distribution, biology, ecology and management of potato tuber moth, *Phthorimaea operculella* (Zeller) (Lepidoptera: Gelechiidae): a review. International Journal of Pest Management, 38(3): 279-285.

三十二、印度谷螟

印度谷螟 [*Plodia interpunctella* (Hübner)] 属鳞翅目螟蛾科斑螟亚科, 又称封顶虫、印度谷蛾。印度谷螟原产于欧洲, 传入我国时间不详。

英文名: indianmeal moth

1. 形态特征

成虫成虫体长5～9mm, 翅展13～16mm。头部灰褐色, 腹部灰白色。头顶复眼间有一伸向前下方的黑褐色鳞片丛。下唇须发达, 伸向前方。前翅狭长形, 基半部约2/5为黄白色, 其余部分亮棕褐色, 并带有铜色光泽。后翅灰白色, 半透明。

卵椭圆形, 长约0.3mm, 乳白色, 一端尖形。

幼虫圆筒形。初孵幼虫乳白色, 半透明, 头部淡褐色, 孵化数小时后腹部开始膨大。随着日龄增大, 体色逐渐变淡黄色。老熟幼虫体长10～13mm, 头部赤褐色, 胸腹部淡黄白色, 前胸盾及臀板淡黄褐色, 腹部背面带淡粉红色; 体中间稍膨大; 头部每边有单眼5～6个(第一单眼与第二单眼有时愈合), 上颚有齿3个, 中间一个最大; 中胸至第八腹节刚毛基部无毛片; 腹足趾钩双序全环; 雄虫腹节第五节背面可见1对暗紫色斑, 为睾丸。

蛹体长约6mm, 细长形, 橙黄色, 背面稍带淡褐色, 前翅带黄绿色。复眼黑色。腹部常略弯向背面。腹末着生尾钩8对, 其中以末端近背面的2对最接近且最长。

2. 为害症状

以幼虫取食造成危害。幼虫喜咬食粮粒胚部及麦皮, 一至三龄幼虫以取食粮粒胚部为主, 剥食皮层; 随虫龄增长, 取食量增大, 可吐丝缀粮成巢, 数量大时吐丝可封闭粮堆表面, 日久受害粮食结块变质, 同时排出的粪便带臭味污染粮食。种子受害后严重影响发芽率、出苗率, 造成农作物缺苗、断行, 直接影响产量。在干辣椒上蛀入椒内啃食椒肉和籽粒, 仅留一层白色的表皮, 干椒内部充满虫粪和残屑, 常伴随霉变, 外观花白, 俗称"白壳椒"。

3. 寄主范围

印度谷螟食性极广，可取食玉蜀黍（*Zea mays*）、小麦（*Triticum aestivum*）、稻（*Oryza sativa*）、豆类、花生及其加工制品、奶粉、糖果、香料、药材、昆虫标本等。对玉米危害最严重，其次是小麦和稻谷。

4. 生活史与习性

1年可发生4～6代，华北地区3～4代。以滞育幼虫在粮食表面、包装物品和仓壁缝隙或仓内阴暗避风处越冬。每年4月成虫开始羽化，羽化后即开始交配、产卵，雌虫产卵量最多可达350粒。粮仓中4—10月均可发现活动为害，其中6—8月为发生高峰，11月随气温降低大多进入越冬；当仓储物含水量较高时发生为害较重。

成虫寿命为4～20d，卵期一般2～17d。幼虫期在夏季为22～25d，秋季34～35d，蛹期4～33d。最适生长发育温度为24～30℃。在27～30℃下，繁殖1代约36d。成虫全天活动，夜间较活跃；趋化性不明显，有一定趋光性。羽化以白天较多，交配、产卵以夜间较多。在缺少食料的情况下幼虫会自相残杀，并取食预蛹和蛹。非越冬代老熟幼虫吐丝结茧后，一般3～10d即可化蛹。4—5月，蛹期为18～23d，羽化需1～2d。幼虫在表面至距粮面下30cm处为害最为严重。

5. 在中国分布区域

国内除西藏外，其余各省区均有分布，尤以华北及东北地区危害严重。

印度谷螟各虫态形态特征（白月亮 提供）
A.成虫 B.卵 C.幼虫 D.蛹

印度谷螟为害状（白月亮　提供）

主要参考文献

安建东, 国占宝, 李继莲, 等, 2007. 明亮熊蜂繁育室内印度谷斑螟的形态特征与生物学特性. 昆虫知识, 4
(5): 698-702.

侯兴伟, 1992. 印度谷螟研究现状. 粮油仓储科技通讯 (1): 30-33.

贾胜利, 刘树伦, 张金伟, 等, 2005. 印度谷螟的危害与综合防治. 粮油仓储科技通讯 (1): 24-25.

简富明, 1993. 印度谷螟生物学特性初步研究. 西南农业学报, 6 (3): 80-84.

三十三、美国白蛾

美国白蛾（*Hyphantria cunea* Dvury）属鳞翅目灯蛾科白蛾属。原产于北美洲，1922年在加拿大首次发现，随后美国全境及墨西哥均有发生。20世纪40年代末，美国白蛾通过运载工具传到了欧洲和亚洲，并成为一种严重危害树木的检疫性害虫。1979年，美国白蛾从中朝边境传入中国辽宁，其后扩散到陕西、北京、天津、上海、山东等省地，呈现出从北部逐渐向中部地区扩散的趋势。目前被我国列为进境植物、全国森林植物检疫性害虫。

英文名：fall webworm

1. 形态特征

成虫白色、越冬代翅有黑色斑点，前足胫节内侧为橘黄色（与杨柳毒蛾区分）；雌蛾体长9～15mm，翅展30～42mm；雄蛾体长9～13mm，翅展25～36mm。雄虫触角双栉齿状，雌虫触角锯齿状；复眼大而突出，黑色，有单眼；雌雄成虫后翅均为纯白色，但越冬代雄虫前翅斑纹变异大，从无斑到有多数的暗褐色斑，雌虫无斑或斑点较少。

幼虫识别特征：初孵幼虫一般为黄色或淡褐色，老熟幼虫身体两侧黄色、背部黑色，具有长毛丛。老百姓用"中间黑、两边黄，周身毛很长"的顺口溜描述美国白蛾幼虫形态特征。

美国白蛾成虫形态（张管曲 提供）

美国白蛾幼虫形态与三龄前幼虫集结的网幕（张管曲 提供）

2. 为害症状

以幼虫取食植物叶片造成危害，取食量大，为害严重时能将寄主植物叶片全部吃光甚至啃食树皮，严重影响林木生长；也可以为害农作物，造成减产减收甚至绝产。为害时在树冠外围可形成大小不一的网幕。

3. 寄主范围

能够为害数百种植物，常见植物除松柏科外几乎都可以取食为害。

4. 生活史和习性

1年发生3代，蛹越冬。自3月下旬开始见成虫，4月中旬至5月初大量出现越冬成虫。美国白蛾幼虫一至四龄幼虫一直生活在网幕中，四龄幼虫由大群体分为小群体分别拉网取食。五龄后开始抛弃网幕取食，营个体分散生活。幼虫有极强的耐饥饿能力，老熟幼虫即使15d不取食也不会死亡。

5. 在中国分布区域

中国最早于1979年发现于中国辽宁丹东市。截至目前，分布于北京、天津、河北、河南、辽宁、内蒙古、辽宁、吉林、山东、上海、江苏、浙江、安徽等省地。

主要参考文献

刘枫，公超群，李硕，等，2023.基于不同气候情景的美国白蛾适生区预测.应用昆虫学报，60(1): 76-86.

刘海军，骆有庆，温俊宝，等，2005.北京地区红脂大小蠹、美国白蛾和锈色粒肩天牛风险评价.北京林业大学学报，27(2): 81-87.

三十四、草地贪夜蛾

草地贪夜蛾 [*Spodoptera frugiperda*（Smith）] 属鳞翅目（Lepidoptera）夜蛾总科（Noctuoidea）灰翅夜蛾属（*Spodoptera*），又称秋行军虫、秋黏虫、草地夜蛾、伪黏虫。草地贪夜蛾原产于美国至阿根廷的西半球热带地区。2016年，在西非和中非首次报道发现，2019年初在云南首次发现。

英文名：fall armyworm

1. 形态特征

成虫体色多变，暗灰色、深灰色至淡黄褐色。雄蛾体长16～18mm，前翅长10.5～15mm，雌蛾个体稍大，体长18～20mm，前翅长11～18mm。雄蛾前翅灰棕色，翅面上有呈淡黄色、椭圆形的环形斑，环形斑下角有一个白色楔形纹，翅外缘有一明显的近三角形白斑。雌虫前翅多为灰褐色或灰色与棕色的杂色，无明显斑纹。雌蛾和雄蛾的后翅都为银白色，有闪光，边缘有窄褐色带。

卵圆顶型，顶部中央有明显的圆形点，底部扁平，直径约为0.4mm，高度约为0.3mm。卵粒呈奶油色、绿色或棕色。卵上通常覆盖浅灰色的绒毛。卵初产时为浅绿或白色，孵化前逐渐变为棕色。

幼虫一龄体色黄色或绿色，头部青黑色，体长1.7mm左右。二龄头部由青黑色变为橙黄色，末期体背变褐色。低龄幼虫体表具有白色纵条纹，各腹节背面都有4个长有刚毛的黑色或黑褐色斑点，随着生长具有特有的排列特征，即第八腹节4个斑点呈正方形排列，第九腹节的4个斑点呈梯形排列。其他各腹节的4个斑点虽然也呈梯形排列，但方向与第九腹节相反。同时，也可以观察到头部V形纹与前胸盾板中央的条纹一起形成的白色或浅黄色倒Y形纹。四至六龄幼虫的头部为淡黄色或深棕色，倒Y形纹也更明显。高龄幼虫的体色和体长多变，体色有淡黄色、橄榄绿、棕色、暗灰色或黑色，体长通常为30～36mm。

蛹长椭圆形，体长14～18mm，胸宽4.5mm，初化蛹时为白色，逐渐变为棕色，红棕色。

2. 为害症状

幼虫主要为害玉米的茎、叶和穗的生长点，在极端干旱条件下会破坏玉米根。从作物出苗至抽雄和穗期均可为害。幼虫主要取食幼叶和果穗，从侧面穿透叶片，破坏分生组织并阻止穗的发育。低龄幼虫啃食叶片后形成密集的半透明膜孔。高龄幼虫啃食叶片形成孔洞，造成轮叶参差不齐、新叶破烂，从而破坏植物的籽粒灌浆能力，甚至可以切穿玉米幼苗的基部，导致整株植物死亡。幼虫也可破坏柱头和幼穗，不仅限制雌蕊的受精，还可能导致玉米感染真菌和黄曲霉毒素，籽粒质量严重受损。

3. 寄主范围

寄主植物有46科202种，包括玉蜀黍（*Zea mays*）、高粱（*Sorghum bicolor*）、小麦（*Triticum aestivum*）、大麦（*Hordeum vulgare*）、荞麦（*Fagopyrum esculentum*）、燕麦（*Avena sativa*）、粟（*Setaria italica* var. *germanica*）、稻（*Oryza sativa*）、大豆（*Glycine max*）、落花生（*Arachis hypogaea*）、甜菜（*Beta vulgaris*）、甘蔗（*Saccharum officinarum*）、烟草（*Nicotiana tabacum*）、梯牧草（*Phleum pratense*）、四叶葎（*Galium bungei*）、黑麦草（*Lolium perenne*）、苏丹草（*Sorghum sudanense*）、苜蓿（*Medicago sativa*）、马唐（*Digitaria sanguinalis*）、狗牙根（*Cynodon dactylon*）、剪股颖属（*Agrostis*）、马唐属（*Digitaria* spp.）、牵牛属（*Pharbitis* spp.）、莎草属（*Cyperus* spp.）、苋属（*Amaranthus* spp.）、石茅（*Sorghum halepense*）等。偶尔为害苹果（*Malus domestica*）、葡萄（*Vitis vinifera*）、柑橘（*Citrus reticulata*）、木瓜（*Pseudocydonia sinensis*）、桃（*Prunus persica*）以及一些花卉等。

4. 生活史与习性

草地贪夜蛾在我国1年可发生1～7代，在云南南部1年可发生5代以上，在广西南部、广东中部以南、福建东南部1年可发生6代，在台湾大部以及海南省全境1年可发生7代以上，在江南和江淮迁飞过渡区主要为4～5代区和3～4代区，在黄淮海及北方重点防范区主要为2～3代区和1～2代区，部分为3～4代区。草地贪夜蛾属迁飞性害虫，冬季在北方不能正常越冬。周年繁殖区（冬繁区）位于北纬28°以南，即1月平均温度10℃等温线以南区域，越冬区在北纬28°至北纬31°之间，即1月平均温度6℃等温线至6℃等温线。在陕西汉中最早于5月下旬迁入，盛发期为6月下旬至8月上旬，幼虫自6月上旬开始出现危害。草地贪夜蛾的适宜发育温度为11～30℃，在28℃下，30d左右可完成一个世代，而在低温条件下，需要60～90d。幼虫共6龄，老熟幼虫多在植株周围土壤缝隙或土下建造蛹室化蛹，少数在玉米植株上化蛹。成虫羽化1d后开始活动，一般在夜间取食、交配和产卵。成虫繁殖能力强，单雌平均产卵量为1 500粒。雌蛾寿命7～21d，其间可以多次交配并产卵。卵粒一般多层堆积成卵块，表面常覆盖有鳞毛。卵多产于叶片背面。卵发育历期2～5d。成虫飞行力较强，借助风力定向飞行距离可达每晚100km，已记录的最长迁飞距离为30h内飞行1 600km。

5. 在中国分布区域

目前，在西南、华南、江南、长江中下游、黄淮、西北、华北地区的26省份的1 518个县（区、市）发生，宁夏、内蒙古、北京、天津、河北、山东、河南、江苏、陕西、甘肃等省份的80个县仅见成虫，尚未侵入青海、新疆、辽宁、吉林、黑龙江等省份。

草地贪夜蛾各虫态形态特征（A、B、C、E张世泽　提供，D仵均祥　提供）
A.雄成虫　B.雌成虫　C.卵　D.幼虫　E.蛹

草地贪夜蛾为害玉米（宋梁栋　提供）
A.玉米叶片上的四龄幼虫　B.幼虫为害玉米叶片形成的透明斑

主要参考文献

郭井菲，静大鹏，太红坤，等，2019. 草地贪夜蛾形态特征及与3种玉米田为害特征和形态相近鳞翅目昆虫的比较. 植物保护，45(2): 7-12.

姜玉英，刘杰，吴秋琳，等，2021. 我国草地贪夜蛾冬繁区和越冬区调查. 植物保护，47(1): 212-217.

姜玉英，刘杰，谢茂昌，等，2019. 2019年我国草地贪夜蛾扩散为害规律观测. 植物保护，45(6): 10-19.

王磊，陈科伟，钟国华，等，2019. 重大入侵害虫草地贪夜蛾发生危害、防控研究进展及防控策略探讨. 环境昆虫学报，41(3): 479-487.

谢殿杰，唐继洪，张蕾，等，2021. 我国草地贪夜蛾年发生世代区划分. 植物保护，47(1): 61-67, 116.

三十五、曲纹紫灰蝶

曲纹紫灰蝶（*Chilades pandava*）属鳞翅目灰蝶科紫灰蝶属，又名苏铁小灰蝶、苏铁绮灰蝶、灰背苏铁小灰蝶、东升苏铁小灰蝶、苏铁灰蝶、紫灰蝶等。曲纹紫灰蝶有4个公认的亚种：中国台湾亚种、东南亚亚种、菲律宾亚种和斯里兰卡亚种，在中国分布的是中国台湾亚种。1997年4月14日，在由中国台湾省引入深圳市的苏铁植株中被发现。

英文名：plains cupid butterfly

1. 形态特征

成虫体长10～12mm，翅展28～34mm。虫体密布短毛，腹面灰白色，背面黑灰色，背面可见腹部各节基部呈白色至灰色的短毛，雄蝶背面闪蓝紫色金属光泽，雌蝶背面中域具深蓝色斑。触角棒状，黑色，各节基部白色。前翅外缘黑色；后翅外缘有细的黑白边，其内为黑色窄带。翅反面灰褐色，缘毛褐色。两翅均具黑边，前翅亚外缘有2条具白边的灰色带，后中横斑列也具白边。

卵浅绿色，直径约0.60mm，扁圆形，正面中间略微凹陷。卵粒表面密布环形排列的扁平颗粒状突起和规则的网状纹。

幼虫共5龄，低龄幼虫体色呈黄绿色，具白色细斑带。老熟幼虫9～14mm，扁椭圆形，中间厚而边缘薄，体节分界不明显，足短。体色多变，有浅黄、绿和紫红多种体色。体背密布短毛，头壳黑褐色，头部常缩于胸部下方，体背面具有较明显竖斑纹。

蛹椭圆形，多数为淡黄色、绿色，正常情况下长7～10mm，宽约3mm。据观察，在食料缺乏状态下幼虫所化蛹极小，长度仅6mm左右。

2. 为害症状

以幼虫取食寄主的幼叶和球花造成危害。低龄幼虫群集为害，吐丝将尾部固定在苏铁嫩叶上蜕皮，蛀食较幼嫩的苏铁羽叶使之仅剩下表皮，虫龄较大的幼虫可通过啃食形成缺刻甚至咬断、吃光幼嫩羽叶使之仅剩干枯的叶柄和破絮状的残渣。老熟幼虫基本不取食，在枯枝落叶处或吐丝形成丝垫将尾部倒挂在苏铁羽叶上化蛹。空气相对湿度大时，受害的苏铁幼嫩羽叶出现琥珀色流胶并且易霉烂。虫口数量大时，受害苏铁上可见各龄幼虫，它们短时间内可吃光整株苏铁幼嫩羽叶，严重时甚至蛀空球花柱心，导致苏铁倒垂乃至整株死亡。

为害球花后，导致苏铁胚珠、花粉不能正常发育。如果一棵苏铁植株被连续为害2次以上，则植株生长会变得极缓慢或枯死。因此，曲纹紫灰蝶严重影响苏铁的生长繁殖，同时也影响生产者的经济效益和城市园林的美观。

3. 寄主范围

单食性害虫，仅为害苏铁科苏铁（*Cycas revoluta*）。

4. 生活史与习性

曲纹紫灰蝶为多化性昆虫，在我国1年发生4～10代，发生代数和越冬虫态因地区而异。以蛹于枯枝烂叶上越冬或在羽状叶的背面或羽叶基部隐蔽处越冬，气候暖和则无明显越冬现象。7—10月世代重叠严重，此期为害最盛。卵散产于苏铁新抽羽叶、羽叶基

A   B

背   ♀   腹

C   D

背   ♂   腹

曲纹紫灰蝶成虫形态（王敏　提供）

A.雌性背面　B.雌性腹面　C.雄性背面　D.雄性腹面

部和球花上。曲纹紫灰蝶完成 1 个世代及虫态历期因温度、食料等条件不同差异较大。成虫羽化后次日即可交配产卵，此虫在气温适宜（25 ～ 30℃）和食物充足的条件下，一个生育周期约 20 ～ 30d，卵期约为 7d，幼虫期约为 4d，蛹期为 7 ～ 9d。

成虫有在 1 ～ 2m 处低飞的习性，但飞行能力不强，早晚不活跃，夜间栖息在寄主或灌木叶面上，憩息时用手易捉住，喜在向阳开阔的地方飞舞，多在寄主上空 1 ～ 2m 处低飞追逐活动。卵多散产于嫩芽、幼叶、花蕾上，密度过高时也见于叶片、孢子叶或树干上。

龄期 3 ～ 5 龄，其差异可能与当地地理位置和气候类型等因素有关。初孵幼虫咬破卵壳爬出后先取食卵壳，幼虫孵化后 1h 左右即群集钻蛀羽叶和球花幼嫩组织取食，并从腹部背腺中分泌出蜜质物，引来大量蚂蚁。刚孵化出的幼虫呈黑色，随虫龄增长变为微红、土黄或绿色。一至二龄幼虫藏匿于卷曲成钟表发条状的小叶内啃食表皮和叶肉，留下另一层表皮，严重时羽叶呈破絮状；三龄后期即边取食边向树基部爬行，寻找隐蔽处；四龄后基本不取食而化蛹，幼虫老熟后下行，多在苏铁茎顶部、叶柄基部、鳞片叶间、枯枝落叶处或吐丝形成丝垫将尾部倒挂在苏铁羽叶上化蛹，或在植盆或植株附近表土中化蛹，蛹紫红色或青绿色，后期变为黑褐色。各个虫态的曲纹紫灰蝶在受害苏铁植株上同时可见到。

5. 在中国分布区域

20 世纪 90 年代中后期传入广东和福建，在广东和福建严重成灾。2000 年前后从沿海地区传入陕西、河南、四川、重庆、云南、贵州、广西和浙江等地，给中国的苏铁资源造成了严重危害。

主要参考文献

刘春来, 陆淑兰, 张金良, 等, 2005. 苏铁小灰蝶发生为害特点及防治技术初探. 中国植保导刊, 25 (10): 30.

丘年华, 洪春莉, 2006. 苏铁出叶期严防曲纹紫灰蝶为害. 植物保护, 32(4): 120-121.

郑婷, 徐建峰, 张益, 等, 2018. 苏铁害虫曲纹紫灰蝶的发生与防治研究进展. 现代园艺, 7(13): 148-151.

朱建青, 谷宇, 陈志兵, 等, 2018. 中国蝴蝶生活史图鉴. 重庆: 重庆大学出版社.

Wu LW, Lees DC, Hsu YF, 2009. Tracing the origin of *Chilades pandava* (Lepidoptera, Iycaenidae) found at Kinmen Island using mitochondrial COI and COII genes. BioFormos, 44(2): 61-68.

三十六、意大利蜂

意大利蜂（*Apis mellifera* L.）属膜翅目蜜蜂科蜜蜂属，又称意大利蜂、意蜂、西蜂，原产欧洲、非洲和中东地区，现已遍及除南极洲以外的世界各大洲，是世界上饲养量最大、分布最广的蜂种。该蜂适应我国大部分地区的气候和蜜源，所以自 20 世纪初从日本和美国引进后，在各地推广很快，已成为我国绝大部分地区饲养的优势蜂种，也是生产蜂王浆的主要蜂种。由于其为外来物种，且与我国本土蜂种中华蜜蜂（*Apis cerana*）存在生态位竞争关系，在传统的中蜂饲养区一般都会拒绝意蜂转场进入，以保护中蜂的生存环境。

英文名：western honeybee

1. 形态特征

工蜂体长13.5mm左右，腹部细长、吻较长（6.3～6.6mm）。与中华蜜蜂（*Apis cerana*）的区别在于个体较大、其腹部前3节颜色浅，以黄色为主。

2. 寄主范围

属于人工饲养蜂种，以多种植物的花蜜、花粉为食。

意大利蜜蜂（左）和中华蜜蜂（右）工蜂形态对比
（王敦 提供）

3. 为害症状

在同一片地域，意大利蜜蜂的存在与本土蜂种存在生态位竞争关系。对中国本土蜜蜂（如中华蜜蜂）会造成一定不利影响，如竞争蜜源、粉源，甚至会盗取中蜂巢内蜂蜜、咬死中蜂等。

4. 生活史与习性

意大利蜜蜂和中华蜜蜂在我国都有大量的养殖，尽管二者均是人工大量饲养的蜜蜂，但也存在一些生物学差异。中华蜜蜂可采集零星蜜粉源，具有很强的抗螨行为，而抗大蜡螟能力差；意大利蜜蜂不能利用零星蜜粉源，螨害严重，但有很强的抗大蜡螟的能力。意大利蜜蜂目前在国内主要是人工繁育、人工转场放蜂，主要靠人为放蜂转场运输传播。实际上，由于意大利蜜蜂已经大量存在于国内养蜂业中，是否应该列为入侵生物还有待商榷。

5. 在中国分布区域

意大利蜜蜂是我国目前转场养蜂的主要种类，随季节不同全国都有分布。在北方定点固定场地养殖意大利蜜蜂的较少、南方相对较多。多在作物花期从南方各地转场而来，在全国范围内流动放蜂、随处可见。

主要参考文献

王静,2012.中华蜜蜂和意大利蜜蜂营养杂交的研究进展.中国蜂业,63(Z2): 24-25.

周天娥,房宇,冯毛,等,2013.中华蜜蜂与意大利蜜蜂雄蜂胚胎发育差异蛋白质组与磷酸化蛋白质组分析.中国农业科学,46(2): 394-408.

第三章 入侵植物

一、小蓬草

1. 形态特征

小蓬草 (*Erigeron canadensis* L.) 又名小飞蓬、飞蓬、加拿大蓬、小白酒草、蒿子草,为菊科 (Asteraceae) 飞蓬属 (*Erigeron*),一年生草本植物。根纺锤状;茎直立,高50 ~ 100cm 或更高,圆柱状,少具棱,有条纹,被疏长硬毛,上部多分枝。叶密集,基部叶花期常枯萎;下部叶倒披针形,长6 ~ 10cm,宽1 ~ 1.5cm,顶端尖或渐尖,基部渐狭成柄,边缘具疏锯齿或全缘;中部和上部叶较小,线状披针形或线形,近无柄或无柄,全缘或少有具1 ~ 2个齿,两面或仅上面被疏短毛边缘常被上弯的硬缘毛。头状花序多数、小,直径3 ~ 4mm,排列成顶生多分枝的大圆锥花序;花序梗细,长5 ~ 10mm,总苞近圆柱状,长2.5 ~ 4mm;总苞片2 ~ 3层,淡绿色,线状披针形或线

小蓬草(祁志军 提供)
A.成株 B.小苗 C、D.花序

形，顶端渐尖，外层约短于内层之半背面被疏毛，内层长 3 ~ 3.5mm，宽约0.3mm，边缘干膜质，无毛；花托平，径 2 ~ 2.5mm，具不明显的突起；雌花多数，舌状，白色，长2.5 ~ 3.5mm，舌片小，稍超出花盘，线形，顶端具 2 个钝小齿；两性花淡黄色，花冠管状，长2.5 ~ 3mm，上端具 4 或 5 个齿裂，管部上部被疏微毛。瘦果线状披针形，长1.2 ~ 1.5mm稍扁压，被贴微毛；冠毛污白色，1 层，糙毛状，长2.5 ~ 3mm。花期5—9月。

2. 在中国分布区域

小蓬草原产北美洲，随作物进口或旅行者无意传入我国。1860年，首次在山东发现，现已在我国各地广泛分布，是国内分布最广的入侵物种之一。常生长于旷野、荒地、田边和路旁，为一种常见的杂草。

3. 传播与危害

小蓬草可产生大量瘦果，蔓延极快，对秋收作物、果园和茶园危害严重，通过分泌化感物质抑制邻近其他植物的生长。该植物还是棉铃虫和棉椿象的中间宿主。小蓬草为恶意入侵类（1级）植物，分别于2014年和2023年被列入第三批中国外来入侵物种名单和重点管理外来入侵物种名录。

主要参考文献

中国科学院植物研究所. 中国外来入侵物种信息系统. 小蓬草 *Erigeron canadensis*. https://www.plantplus.cn/ias/info/436.

中国科学院中国植物志编辑委员会, 1985. 小蓬草 *Erigeron canadensis*. 中国植物志. 北京: 科学出版社.

二、苏门白酒草

1. 形态特征

苏门白酒草（*Erigeron sumatrensis* Retz.）又名苏门白酒菊，为菊科（Asteraceae）飞蓬属（*Erigeron*）植物，一年生或二年生草本，根纺锤状，直或弯，具纤维状根。茎粗壮，直立，高80 ~ 150cm，基部径4 ~ 6mm，具条棱，绿色或下部红紫色，中部或中部以上有长分枝，被较密灰白色上弯糙短毛，杂有开展的疏柔毛。叶密集，基部叶花期凋落；下部叶倒披针形或披针形，长6 ~ 10cm，宽1 ~ 3cm，顶端尖或渐尖，基部渐狭成柄，边缘上部每边常有4 ~ 8个粗齿，基部全缘；中部和上部叶渐小，狭披针形或近线形，具齿或全缘，两面特别下面被密糙短毛。头状花序多数，径5 ~ 8mm，在茎枝端排列成大而长的圆锥花序；花序梗长3 ~ 5mm；总苞卵状短圆柱状，长4mm，宽3 ~ 4mm，总苞片3层，灰绿色，线状披针形或线形，顶端渐尖，背面被糙短毛，外层稍短或短于内层之半，内层长约4mm，边缘干膜质；花托稍平，具明显小窝孔，径2 ~ 2.5mm；雌花多层，长4～4.5mm，管部细长，舌片淡黄色或淡紫色，极短细，丝状，顶端具2细裂；两性花6～11个，花冠淡黄色，长约4mm，檐部狭漏斗形，上端具5齿裂，管部上部被疏微毛。瘦果线状披针形，长1.2～1.5mm，扁压，被贴微毛；冠毛1层，初时白色，后变黄褐色。花期5—10月。

苏门白酒草（祁志军 提供）
A.成株 B.幼苗 C.花序 D.头状花序

2. 在中国分布区域

苏门白酒草原产南美洲，在热带和亚热带地区广泛分布，随货物或旅行者无意传入我国。1850年，首次在香港发现，目前主要分布于陕西、广西、福建、西藏、海南、贵州、江西、湖南、广东、云南、安徽、四川、甘肃、浙江、江苏、台湾等地。常生于山坡草地、旷野、路旁，是一种常见的杂草。

3. 传播与危害

苏门白酒草以种子繁殖，一棵植株上有上万个种子，种子很轻，可以随风、随车轮到处传播。苏门白酒草为恶意入侵类（1级）植物，先后于2014年和2023年被列入第三批中国外来入侵物种名单和重点管理外来入侵物种名录。

主要参考文献

中国科学院植物研究所. 中国外来入侵物种信息系统. 苏门白酒草 *Erigeron sumatrensis*. https: //www. plantplus.cn/ias/info/441.

中国科学院中国植物志编辑委员会, 1985. 苏门白酒草 *Erigeron sumatrensis*. 中国植物志. 北京：科学出版社.

三、香丝草

1.形态特征

香丝草（*Erigeron bonariensis* L.）又名草蒿、黄蒿、黄花蒿、黄蒿子、灰绿白酒草、美洲假蓬、野塘蒿、蓑衣草、野地黄菊，属菊科（Asteraceae）飞蓬属（*Erigeron*），一年生或二年生草本植物。根纺锤状，常斜生。茎直立或斜生，高20～50cm，中部以上常分枝，常有斜上不育的侧枝，密被短毛，杂有开展的疏长毛。叶密集，基部叶花期常枯萎；下部叶倒披针形或长圆状披针形，长3～5cm，宽0.3～1cm，顶端尖或稍钝，基部渐狭，成长柄，通常具有粗齿或羽状浅裂；中部和上部叶片具有短柄或无柄，狭披针形或线形，长3～7cm，宽0.3～0.5cm，中部叶片具齿，上部叶片全缘，两面均被有密糙毛。头状花序多数，径约8～10mm，在顶端排列成总状或总状圆锥花序，花序梗长10～15mm；总苞椭圆状卵形，长约5mm，宽约8mm，总苞片2～3层，线形，顶端尖，背面密被灰白色短糙毛，外层

香丝草（祁志军 提供）
A.成株 B.花序 C.头状花序

稍短或短于内层之半，内层长约4mm，宽0.7mm，具有干膜质边缘；花托稍平，有明显的蜂窝孔，径3 ~ 4mm；雌花多层，白色，花冠细管状，长3 ~ 3.5mm，无舌片或顶端仅有3 ~ 4个细齿；两性花淡黄色，花冠管状，长约3mm，管部上部被有微毛，上端5齿裂。瘦果线状披针形，长1.5mm，扁平，被有疏短毛；冠毛1层，淡红褐色，长约4mm。花期5—10月。

2. 在中国分布区域

香丝草原产南美洲，传入我国时间不详，现分布于我国广西、福建、西藏、海南、贵州、江西、湖南、湖北、广东、云南、安徽、四川、甘肃、山东、陕西、浙江、江苏、台湾、河北、河南等省区。常生于荒地，田边、路旁等地。

3. 传播与危害

香丝草以种子繁殖，种子一边成熟一边脱落，成熟种子带有冠毛，可随风传播。主要为害葡萄、苹果、枣等果树及桑树、茶树和旱地作物，为严重入侵类（2级）植物。

主要参考文献

李坤陶, 李文增, 2006. 生物入侵与防治. 北京: 光明日报出版社.

马金双, 2013. 中国入侵植物名录. 北京: 高等教育出版社.

中国科学院植物研究所. 中国外来入侵物种信息系统. 香丝草 *Erigeron bonariensis*. https://www.plantplus.cn/ias/info/435.

中国科学院中国植物志编辑委员会, 1985. 香丝草 *Erigeron bonariensis*. 中国植物志. 北京: 科学出版社.

四、一年蓬

1. 形态特征

一年蓬 [*Erigeron annuus* (L.) Pers] 又名白顶飞蓬、千层塔、治疟草、野蒿，为菊科 (Asteraceae) 飞蓬属（*Erigeron*），一年生或二年生草本植物。茎粗壮，高30 ~ 100cm，基部径6mm，直立，上部有分枝、绿色，下部被开展的长硬毛，上部被较密的上弯的短硬毛。基部叶花期枯萎，长圆形或宽卵形，少有近圆形，长4 ~ 17cm，宽1.5 ~ 4cm或更宽，顶端尖或钝，基部狭成具翅的长柄，边缘具粗齿；下部叶与基部叶同形，但叶柄较短；中部和上部叶较小，长圆状披针形或披针形，长1 ~ 9cm，宽0.5 ~ 2cm，顶端尖，具短柄或无柄，边缘有不规则的齿或近全缘，最上部叶线形，全部叶边缘被短硬毛，两面被疏短硬毛，或有时近无毛。头状花序数个或多数，排列成疏圆锥花序，长6 ~ 8mm，宽10 ~ 15mm；总苞半球形，总苞片3层，草质，披针形，长3 ~ 5mm，宽0.5 ~ 1mm，近等长或外层稍短，淡绿色或多少褐色，背面密被腺毛和疏长节毛；外围的雌花舌状，2层，长6 ~ 8mm，管部长1 ~ 1.5mm，上部被疏微毛，舌片平展，白色，或有时淡天蓝色，线形，宽0.6mm，顶端具2小齿，花柱分枝线形；中央的两性花管状，黄色，管部长约0.5mm，檐部近倒锥形，裂片无毛。瘦果披针形，长约1.2mm，扁压，被疏贴柔毛；冠毛异形，雌花的冠毛极短，膜片状连成小冠，两性花的冠毛2层，外层鳞片状，内层为10～15条长约2mm的刚毛。花期6—9月。

一年蓬（祁志军 提供）
A.成株 B.幼苗 C.花序

2. 在中国分布区域

一年蓬原产北美洲，随货物或旅行者无意传入我国，1886年，首次在上海发现，现已成为我国的归化植物，目前除新疆和西藏外，其余各省份均有分布，常生于路边旷野或山坡荒地。

3. 传播与危害

一年蓬以种子繁殖，种子产量高，平均每株可结种子近3万粒，种子落地后能立即萌发。果实有冠毛，可借助风力传播到远处，扩散面积大。它的生活能力强，即使是在秋末冬初仍能见到新的幼苗。一年蓬为恶性杂草，与本土植物争水、争肥、争夺生存空间，因繁殖系数大、适应性强、扩散速度快，暴发扩散时往往形成单优种群，破坏原有生态系统，造成生物多样性的丧失以及生态系统的破坏。一年蓬为恶意入侵类（1级）植物，2014年被列入第三批中国外来入侵物种名单。

主要参考文献

范建军,乙杨敏,朱珣之,2020.入侵杂草一年蓬研究进展.杂草学报,38(2): 1-8.

李嵘,2014.云南湿地外来入侵植物图鉴.昆明:云南科技出版社.

中国科学院植物研究所.中国外来入侵物种信息系统.一年蓬 *Erigeron annuus*. https://www.plantplus.cn/ias/info/433.

中国科学院中国植物志编辑委员会,1985.一年蓬 *Erigeron annuus*.中国植物志.北京:科学出版社.

五、毒莴苣

1. 形态特征

毒莴苣（*Lactuca serriola* L.）又名银齿莴苣、野莴苣、刺莴苣、阿尔泰莴苣，为菊科（Asteraceae）莴苣属（*Lactuca*），一年生草本植物。茎单生，直立，高50～80cm，无毛或有时有白色茎刺，上部圆锥状花序分枝或自基部分枝。中下部茎叶倒披针或长椭圆形，长3～7.5cm，宽1～4.5cm，倒向羽状或羽状浅裂、半裂或深裂，有时茎叶不裂，宽线形，无柄，基部箭头状抱茎，顶裂片与侧裂片等大，三角状卵形或菱形，或侧裂片集中在叶的下部或基部，而顶裂片较长，宽线形，侧裂片3～6对，镰刀形、三角状镰刀形或卵状镰刀形；最下部茎叶及接圆锥花序下部的叶与中下部茎叶同形或披针形、线状披针形或线形，全部叶或裂片边缘有细齿或刺齿或细刺或全缘，下面沿中脉有刺毛，刺毛黄色。头状花序多数，在茎枝顶端排成圆锥状花序；总苞片约5层，外层及最外层小，长12mm，宽1mm或不足1mm，中内层披针形，长7～12mm，宽至2mm，全部总苞片顶端急尖，外面无毛。舌状小花15～25枚，黄色。瘦果倒披针形，长3.5mm，宽1.3mm，压扁，浅褐色，上部有稀疏上指的短糙毛，每面有8～10条高起的细肋，顶端急尖成细丝状的喙，喙长5mm；冠毛白色，微锯齿状，长6mm。花果期6—8月。

毒莴苣（祁志军　提供）
A.成株　B.叶片（示背部叶脉排刺）　C.花序

2. 在中国分布区域

毒莴苣原产欧洲，随货物或风力无意传入我国。早期记载于我国新疆的阿勒泰、布尔津、塔城、沙湾、玛纳斯、阜康、尼勒克、新源、乌鲁木齐、伊宁、巩留、昭苏、郝善、吐鲁番等地。1995年，在辽宁沈阳发现逸生种群，随后在云南的昆明、玉溪，以及浙江的杭州、金华、慈溪、淳安等地相继报道，目前还在陕西关中和陕南等地广泛分布。常生于荒地、路旁、河滩砾石地、山坡石缝中及草地。

3. 传播与危害

毒莴苣以种子繁殖，成熟的种子会借风力、水力等会进行大范围扩散。也可通过农产品运输、动物皮毛携带等途径传播。该植物花数多，花期长，传粉率高，单株最高可产5万粒种子，一旦侵入到农业生态系统中，可危害牧场、果园以及耕地上的栽培植物，竞争农作物养分，降低农作物的产量和质量，对农业生产和经济发展产生不良影响。毒莴苣全株有毒，人畜误食可能中毒，先后于2007年和2023年将其列入中华人民共和国进境植物检疫性有害生物名录和重点管理外来入侵物种名录。

主要参考文献

郭水良,高平磊,娄玉霞,2011.应用MaxEnt模型预测检疫性杂草毒莴苣在我国的潜分布范围.上海交通大学学报(农业科学版),16(5): 15-19.

中国科学院中国植物志编辑委员会,1997.毒莴苣 Lactuca serriola.中国植物志.北京:科学出版社.

周玉玲,2016.外来入侵生物——毒莴苣的识别与防治.植物保护(2): 35-36.

六、三叶鬼针草

1. 形态特征

三叶鬼针草（*Bidens pilosa* L.）又名鬼针草、虾钳草、蟹钳草、对叉草、粘人草、粘连子、一包针、引线包、豆渣草、豆渣菜、盲肠草，为菊科（Asteraceae）鬼针草属（*Bidens*）一年生草本植物，高25～100cm。茎直立，四棱形，疏生柔毛或无毛。中下部叶较小、对生，3裂或不分裂，通常在开花前枯萎；中部叶片具长1.5～5cm无翅的柄，三出，小叶3枚，很少为具5～7小叶的羽状复叶，两侧小叶椭圆形或卵状椭圆形，长2～4.5cm，宽1.5～2.5cm，先端锐尖，基部阔楔形或近圆形，有时偏斜，不对称，具有短柄，边缘有锯齿，顶生小叶较大，长椭圆形或卵状长圆形，长3.5～7cm，先端渐尖，基部渐狭或近圆形，具长1～2cm的柄，边缘有锯齿，无毛或被极稀疏的短茸毛；上部叶片小，3裂或不分裂，条状披针形。头状花序，直径8～9mm，花序梗长1～6（果期长3～10）cm。总苞基部被短茸毛，有长梗；总苞片7～8枚，条状匙形，上部稍宽，在花期长3～4mm，在果期长至5mm，草质，边缘被短茸毛或几乎无毛；外层托叶披针形，干膜质，背面褐色，具黄色边缘，内层较狭，条状披针形。无舌状花，盘花筒状，长约4.5mm，冠檐5齿裂。瘦果黑色，条形，略扁，具棱，长7～13mm，宽约1mm，上部具有稀疏瘤状突起及刚毛，顶端芒刺3～4枚，长1.5～2.5mm，具倒刺毛。花期8—9月，果期9—11月。

三叶鬼针草（祁志军　提供）
A.成株　B.花序　C.幼果期　D.瘦果

2. 在中国分布区域

三叶鬼针草原产美洲热带地区，随货物或旅行者无意传入我国。1934年，首次在广东发现，目前国内除新疆和西藏外，其他各省区均有分布。常生于村旁、路边、水塘周围及荒地中。

3. 传播与危害

三叶鬼针草为一年生晚春性杂草，以种子繁殖，种子可借风、流水与粪肥传播，经越冬休眠后萌发。该植物入侵性极强，具有生命周期短、生态适应性强、结实率高且易于传播、萌发率高、繁殖速度快、能在恶劣的环境中存活和繁殖等特点，与农作物争夺水分、养分和光照。根系发达，吸收土壤水分和养分的能力很强，而且生长优势强，耗水、耗肥，常超过作物生长的消耗。三叶鬼针草为恶意入侵类（1级）植物，先后于2014年和2023年被列入第三批中国外来入侵物种名单和重点管理外来入侵物种名录。

主要参考文献

郑欣颖, 薛立, 2018. 入侵植物三叶鬼针草与近缘本地种金盏银盘的可塑性研究进展. 生态学杂志, 37(2): 580-587.

中国科学院植物研究所. 中国外来入侵物种信息系统. 鬼针草 *Bidens pilosa*. https: //www.plantplus.cn/ias/info/470.

中国科学院中国植物志编辑委员会, 1979. 三叶鬼针草 *Bidens pilosa*. 中国植物志. 北京: 科学出版社.

七、白花鬼针草

1. 形态特征

白花鬼针草 [*Bidens pilosa* var. *radiata* 或 *Bidens alba* (L.) DC] 又名咸丰草、大花鬼针草、大花婆婆针、大白花鬼针、同治草、黏人草、金杯银盏、金盏银盆、盲肠草，为菊科（Asteraceae）鬼针草属（*Bidens*），一年生草本植物，是三叶鬼针草的变种，也有学者认为二者为两个不同的物种。高30～100cm，茎直立，四棱形，通常有纵条纹，有分枝，无毛或上部被极稀的柔毛。茎下部叶较小，为一回羽状复叶，3裂或不分裂，通常在开花前枯萎；中部叶具长1.5～5cm无翅的柄，三出羽状复叶，稀5小叶或单叶；小叶常为3格，很少为具5～7小叶的羽状复叶，两侧小叶椭圆

白花鬼针草（祁志军　提供）
A.成株　B.花冠

形或卵状椭圆形，长2～4.5cm，宽1.5～2.5cm，先端锐尖，基部近圆形或阔楔形，有时偏斜，不对称，边缘有锯齿，顶生小叶长椭圆形或卵状长圆形，长3.5～7cm，先端渐尖，基部渐狭或近圆形，具长1～2cm的柄，边缘锯齿；上部叶小，对生或互生，3裂或不分裂，条状披针形。头状花序单生茎、枝端或多数排成部规则的伞房状圆锥花序丛，有长1～6（果时长3～10）cm的花序梗；总苞片2层，7～8枚，条状匙形，长约4mm，仅基部被微毛，外层托片披针形，内层条状披针形，长5～7mm；花杂性，外围一层舌状花，5～7枚，舌片椭圆状倒卵形，白色，长5～8mm，宽3.5～5mm，先端钝或有缺刻；盘花筒状，两性，可育，黄色，长约4.5mm，冠檐壶状，5齿裂。瘦果黑色，扁平，条形，长7～13mm，扁4棱，先端芒刺2枚，偶3枚，长1.5～2.5mm，具倒刺毛，可附着于人畜身上，而传播至远处。花期8—10月；果熟期9—11月。本种可生成不定根。与鬼针草相比，白花鬼针草明显特征是其头状花序有白色舌状花，与三叶鬼针草的区别主要在头状花序大小及瘦果顶端芒刺的数目。

2. 在中国分布区域

白花鬼针草原产美洲热带和亚热带地区，传入我国的时间不详。目前，主要分布于陕西、甘肃、新疆、台湾、湖北、广东、四川、贵州、云南等地区，生于村旁、路边、林野或山地。

3. 传播与危害

白花鬼针草以种子繁殖为主，每株白花鬼针草可产生3 000～6 000粒种子，种子能够保持3～5年的发芽能力。在热带地区，种子没有休眠，成熟之后落地即可萌发。其瘦果顶端带有刺芒，被风和水传播，容易挂在动物的毛皮以及人的衣服上携带传播，使得其大量繁殖，是一种防控难、危害大、传播快的潜在性恶性害草。该植物主要入侵农田、果园、林地等，容易形成单一群落并快速侵占生境，对农林业生产以及生物多样性带来极大危害，已成为华南地区入侵面积最广泛的入侵植物之一，为恶意入侵类（1级）植物。

主要参考文献

陈雨婷，马良，陆堂艳，等，2021.国内鬼针草属杂草类群的鉴别.常熟理工学院学报，35(2): 87-91.

罗娅婷，王泽明，崔现亮，等，2019.白花鬼针草的繁殖特性及入侵性.生态学杂志，38(3): 655-662.

马金双，2013.中国入侵植物名录.北京:高等教育出版社.

田兴山，岳茂峰，冯莉，等，2010.外来入侵杂草白花鬼针草的特征特性.江苏农业科学(5): 174-175.

王小飞，王涛，王琦，等，2023.白花鬼针草入侵对植物群落结构及物种多样性的影响.生物安全学报，32(4): 384-392.

邢福武，曾庆文，谢左章，2007.广州野生植物.贵阳:贵州科技出版社.

中国科学院植物研究所.中国外来入侵物种信息系统.白花鬼针草*Bidens alba*. https://www.plantplus.cn/ias/info/469.

八、大狼耙草

1. 形态特征

大狼耙草（*Bidens frondosa* L.）又名接力草、外国脱力草、大狼耙草，为菊科（Asteraceae）鬼针草属（*Bidens*），一年生草本植物。茎直立，分枝，高20～120cm，被疏毛或无毛，常带紫色。叶对生，具柄，为一回羽状复叶，小叶3～5枚，披针形，长3～10cm，宽1～3cm，先端渐尖，边缘有粗锯齿，通常背面被稀疏短柔毛，至少顶生者具明显的柄。头状花序单生茎端和枝端，连同总苞苞片直径12～25mm，高约12mm。总苞钟状或半球形，外层苞片5～10枚，通常8枚，披针形或匙状倒披针形，边缘有缘毛，内层苞片长圆形，长5～9mm，膜质，具淡黄色边缘，无舌状花或舌状花不发育，极不明显，筒状花两性，花冠长约3mm，冠檐5裂；瘦果扁平，狭楔形，长5～10mm，近无毛或是糙伏毛，顶端芒刺2枚，长约2.5mm，有倒刺毛。花果期8—10月。

大狼耙草（祁志军　提供）

2. 在中国分布区域

大狼耙草原产北美，随货物运输无意传入我国。1926年，首次在江苏发现，在上海、江西、广东等地也有分布。目前在陕西西安、安康、汉中等地有发现。喜温暖潮湿环境，生于水边湿地、沟渠及浅水滩，亦生于路边荒野，常发生在稻田边。

3. 传播与危害

大狼耙草一般以种子繁殖和传播。与农作物争夺水分、养分和光能。杂草根系发达，吸收土壤水分和养分的能力很强，而且生长优势强，耗水、耗肥常超过作物生长的消耗。杂草的生长优势强，株高常高出作物，影响作物对光能利用和光合作用，干扰并限制作物的生长。大狼耙草为恶意入侵类（1级）植物，2016年被列入第四批中国外来入侵物种名单。

主要参考文献

蒋金火,李攀主编,2019.天目山常见药用植物图鉴.杭州:浙江大学出版社.

闫小红,曾建军,周兵,等,2012.外来入侵植物大狼杷草提取物的化感潜力.扬州大学学报(农业与生命科学版),33(2): 88-94.

中国科学院中国植物志编辑委员会,1979.大狼杷草 *Bidens frondosa*.中国植物志.北京:科学出版社.

中国科学院植物研究所.中国外来入侵物种信息系统.大狼杷草 *Bidens frondose*. https://www.plantplus.cn/ias/info/467.

九、钻叶紫菀

1. 形态特征

钻叶紫菀 [*Symphyotrichum subulatum*(Michx.) Nesom] 又名剪刀菜、美洲紫菀、扫帚菊、燕尾来、窄叶紫菀、钻形紫菀,为菊科(Asteraceae)联毛紫菀属(*Symphyotrichum*),一年生草本植物。高(8 ~)20 ~ 100(~ 150)cm。主根圆柱状,向下渐狭,长5 ~ 17cm,粗2 ~ 5mm,具多数侧根和纤维状细根。茎单一,直立,基部粗1 ~ 6mm,自基部或中部或上部具多分枝,茎和分枝具粗棱,光滑无毛,基部或下部有时整个带紫红色。基生叶在花期凋落;茎生叶多数,叶片倒披针形,极稀狭披针形,长2 ~ 10(~ 15)cm,宽0.2 ~ 1.2(~ 2.3)cm,先端锐尖或急尖,基部渐狭,边缘通常全缘,稀有疏离的小尖头状齿,两面绿色,光滑无毛,中脉在背面突起,侧脉数

钻叶紫菀(祁志军 提供)
A.成株 B.花 C.花序 D.叶片

对，不明显或有时明显，上部叶渐小，近线形，全部叶无柄。花后凋落；茎中部叶线状披针形。头状花序极多数，多数在茎顶端排成圆锥状，径7～10mm，于茎和枝先端排列成疏圆锥状花序；花序梗纤细、光滑，具4～8枚钻形、长2～3mm的苞叶；总苞钟形，直径7～10mm；总苞片，钟状，3～4层，外层披针状线形，长2～2.5mm，内层线形，长5～6mm，全部总苞片绿色或先端带紫色，先端尖，边缘膜质，光滑无毛。雌花花冠舌状，舌状花细狭，淡红色、红色、紫红色或紫色，线形，长1.5～2mm，先端2浅齿，常卷曲，管部极细，长1.5～2mm；两性花花冠管状，长3～4mm，冠檐狭钟状筒形，先端5齿裂，冠管细，长1.5～2mm。瘦果线状、长圆形或椭圆形，长1.5～2mm，冠毛淡褐色，稍扁，具边肋，两面各具1肋，疏被白色微毛；冠毛1层，细而软，长3～4mm。花果期近全年。

2. 在中国分布区域

钻叶紫菀原产北美，随货物或旅行者无意传入我国。1921年，首次在浙江发现，目前分布于河北、山东、河南、陕西、安徽、江苏、浙江、江西、湖南、湖北、四川、贵州、云南、福建、台湾、广西、香港等地。该植物耐旱、耐贫瘠，喜湿润和肥沃的土壤，耐盐碱，适应性非常强，常生于路旁、废弃地、荒野、村旁等地。

3. 传播与危害

钻叶紫菀以种子繁殖，单株可产生大量瘦果，果具冠毛随风散布入侵，为恶意入侵类（1级）植物，2014年被列入第三批中国外来入侵物种名单。

主要参考文献

徐正浩，陈再廖，林云彪，等，2011.浙江入侵生物及防治.杭州：浙江大学出版社.

中国科学院植物研究所.中国外来入侵物种信息系统.钻叶紫菀 *Symphyotrichum subulatum*. https://www.plantplus.cn/ias/info/443.

中国科学院中国植物志编辑委员会，1985.钻叶紫菀 *Symphyotrichum subulatum*. 中国植物志.北京：科学出版社.

诸葛晓龙，朱敏，季璐，等，2011.入侵杂草小飞蓬和钻形紫菀种子风传扩散生物学特性研究.农业环境科学学报，30(10): 1978-1984.

十、粗毛牛膝菊

1. 形态特征

粗毛牛膝菊（*Galinsoga quadriradiata* Ruiz & Pavon）又名粗毛辣子草、粗毛小米菊、睫毛牛膝菊、辣子草、牛膝菊、向阳花、珍珠草，为菊科（Asteraceae）牛膝菊属（*Galinsoga*）一年生草本植物。茎基部稍粗壮，不分枝或自基部分枝；枝被短长柔毛和腺毛。叶对生，卵形或长椭圆状卵形，基部类圆形或狭楔形，顶端渐尖或钝，全部茎叶两面被白色柔毛，叶边缘有粗锯齿或犬齿，头状小花序，异型，放射状，顶生或腋生，多数头状花序在茎枝顶端排疏松的伞房花序，有长花梗；雌花1层，约4～5个，舌状，白色，盘花两性，黄色，全部结实；总苞宽钟状或半球形，苞片1～2层，约5枚，卵形或卵圆形，膜质，或外层较短而薄草质。花托圆锥状或伸长，托片质薄，顶端分裂或不裂。舌片开展，全缘或2～3齿裂；两性花管状，檐部稍扩大或狭钟状，顶端短或极短的5齿。花药基部箭形，有小耳；两性花花柱分枝微尖或顶端短急尖。瘦果有棱，黑褐色，倒卵圆状三角形，通常背腹压扁，被微毛；冠毛膜片状，少数或多数，膜质，长圆形，流苏状，顶端芒尖或钝，雌花无冠毛或冠毛短毛状。花果期7—10月。

粗毛牛膝菊（祁志军　提供）
A.成株群落　B.成株　C.叶片　D.花

2. 在中国分布区域

粗毛牛膝菊原产于墨西哥，随着园艺植物的引种传入我国。1943年，首次在四川发现，目前各省区均有分布。多生于林下、路旁，适应性强。

3. 传播与危害

粗毛牛膝菊以种子进行繁殖，种子在适宜的环境条件下快速扩增，排挤本土植物，形成大面积的单一优势种群落。危害秋收作物（玉米、大豆、甘薯、甘蔗）、蔬菜、观赏花卉、果树及茶树，发生量大，危害重。该植物还可入侵和危害草坪、绿地，造成草坪的荒废，给城市绿化和生物多样性带来巨大威胁，为严重入侵类（2级）植物。

主要参考文献

刘刚，张璐璐，孔彬彬，等，2016. 外来种粗毛牛膝菊在秦巴山区的种群发展动态. 生态学报，36(11): 3350-3361.

刘慧圆，杨容，蒋媛媛，等，2022. 入侵植物牛膝菊属在中国的分类及分布研究. 北京师范大学学报（自然科学版），58(2): 216-222.

马金双，2013. 中国入侵植物名录. 北京：高等教育出版社.

田陌，张峰，王璐，等，2011. 入侵物种粗毛牛膝菊(*Galinsoga quadriradiata*)在秦岭地区的生态适应性. 陕西师范大学学报（自然科学版），39(5): 71-75.

中国科学院植物研究所. 中国外来入侵物种信息系统. 粗毛牛膝菊 *Galinsoga quadriradiata*. https://www.plantplus.cn/ias/info/502.

中国科学院中国植物志编辑委员会，1979. 粗毛牛膝菊 *Galinsoga quadriradiata*. 中国植物志. 北京：科学出版社.

十一、加拿大一枝黄花

1. 形态特征

加拿大一枝黄花（*Solidago canadensis* L.）又名麒麟草、幸福草、黄莺、金棒草、霸王花、白根草、北美一枝黄花、黄花草、加拿大一枝花、满山草、蛇头王、高大一枝黄花、高茎一枝黄花，为菊科（Asteraceae）一枝黄花属（*Solidago*），多年生草本植物，少有半灌木，有长根状茎。茎直立、秆粗壮，高达2.5m，中下部直径可达2cm，下部一般无分枝，常呈紫红色。叶披针形或线状披针形，长5～12cm，互生，顶渐尖，基部楔形，近无柄。大多呈三出脉，边缘具锯齿。头状花序小或中等大小，异型，辐射状，长4～6mm，在花序分枝上单面着生，多数弯曲的花序分枝与单面着生的头状花序，形成开展的圆锥状或伞房状或复头状花序，长10～50cm，具向外伸展的分枝。总苞片线状披针形，多层，覆瓦状，长3～4mm。花托小，通常蜂窝状。边缘舌状花雌性，1层，很短，或边缘雌花退化；盘花两性，管状，檐部稍扩大或狭钟状，顶端5齿裂；全部小花结实；花药基部钝；两性花花柱分枝扁平，顶端有披针形的附片。瘦果近圆柱形，有8～12个纵肋。冠毛多数，细毛状，1～2层，稍不等长或外层稍短。花果期10—11月。

加拿大一枝黄花（祁志军 提供）
A.成株 B.幼苗 C.花序

2. 在中国分布区域

加拿大一枝黄花原产于北美，1926年作为观赏植物在我国浙江、上海、南京等地引种栽培，后逸生为恶性杂草，现在全国各地几乎都有分布，对我国的社会经济、自然生态系统和生物多样性构成了巨大威胁。常见于城乡荒地、住宅旁、废弃地、厂区、山坡、河坡、免耕地、公路边、铁路沿线、农田边、绿化地带。

3. 传播与危害

加拿大一枝黄花以种子和根状茎两种方式进行繁殖，由于其根状茎发达、繁殖力极强、传播速度快、生态适应性极强，对入侵地的农林生产和生态平衡造成严重危害，已成为恶性入侵物种之一。加拿大一枝黄花为恶意入侵类（1级）植物，先后于2010年和2023年被列入第二批中国外来入侵物种名单和重点管理外来入侵物种名录。

主要参考文献

綦顺英，宫志锋，杨宇航，等，2022. 加拿大一枝黄花入侵对地上植被及土壤种子库的影响. 安徽农业大学学报，49(3)：476-482.

杨如意，昝树婷，唐建军，等，2011. 加拿大一枝黄花的入侵机理研究进展. 生态学报，31(4)：1185-1196.

中国科学院植物研究所. 中国外来入侵物种信息系统. 加拿大一枝黄花 *Solidago canadensis*. https://www. plantplus.cn/ias/info/442.

中国科学院中国植物志编辑委员会，1985. 加拿大一枝黄花 *Solidago canadensis*. 中国植物志. 北京：科学出版社.

十二、反枝苋

1. 形态特征

反枝苋（*Amaranthus retroflexus* L.）又名绿苋、人苋菜、西风谷、野苋菜，为苋科（Amaranthaceae）苋属（*Amaranthus*），一年生草本植物。高20 ～ 80cm，有时达1m；茎直立，粗壮，单一或分枝，淡绿色，有时具紫色条纹，稍具钝棱，密生短柔毛。叶片菱

反枝苋（祁志军　提供）
A.群体　B.成株　C.叶（示端部小刺）　D.花序

状卵形或椭圆状卵形，长5～12cm，宽2～5cm，顶端锐尖或尖凹，有小凸尖，基部楔形，全缘或波状缘，两面及边缘有柔毛，下面毛较密；叶柄长1.5～5.5cm，淡绿色，有时淡紫色，有柔毛。圆锥花序顶生及腋生，直立，直径2～4cm，由多数穗状花序形成，顶生花穗较侧生者长；苞片及小苞片呈钻形，长4～6mm，白色，背面有1个龙骨状突起，伸出顶端成白色尖芒；花被片呈矩圆形或矩圆状倒卵形，长2～2.5mm，薄膜质，白色，有1条淡绿色细中脉，顶端急尖或尖凹，具凸尖；雄蕊比花被片稍长；柱头3，有时2。胞果扁卵形，长约1.5mm，环状横裂，薄膜质，淡绿色，包裹在宿存花被片内。种子近球形，直径1mm，棕色或黑色，边缘钝。花期7—8月，果期8—9月。

2. 在中国分布区域

反枝苋原产墨西哥，现广泛传播并归化于世界各地，随人类迁移无意传入我国。1891年，首次发现于山东，目前在黑龙江、吉林、辽宁、内蒙古、河北、北京、山西、山东、陕西、宁夏、青海、四川、贵州、安徽、台湾、广东、上海、甘肃、新疆、浙江等地有分布。该植物主要生在果园、农田、村庄附近的草地上。

3. 传播与危害

反枝苋以种子繁殖和传播。该植物生长非常迅速且能够产生大量具有生活力的种子，在土壤中形成一个庞大的种子库，条件合适时可持续出苗，对作物造成严重危害。由于环境、遗传等原因，使得种子具休眠特性和参差不齐的萌发方式，这可增强适应能力并增加竞争优势。主要为害棉花、豆类、花生、瓜类、薯类、蔬菜等多种旱作物，其混生于大豆、小麦、玉米、甜菜、果园和菜园中，可严密遮光并阻碍通风，消耗大量地力，抑制作物生长。反枝苋为恶意入侵类（1级）植物，2014年被列入第三批中国外来入侵物种名单。

主要参考文献

鲁萍，梁慧，王宏燕，等，2010. 外来入侵杂草反枝苋的研究进展. 生态学杂志，29(8): 1662-1670.

中国科学院植物研究所. 中国外来入侵物种信息系统. 反枝苋 *Amaranthus retroflexus*. https: //www. plantplus.cn/ias/info/274.

中国科学院中国植物志编辑委员会，1979. 反枝苋 *Amaranthus retroflexus*. 中国植物志. 北京: 科学出版社.

左然玲，强胜，2006. 外来入侵杂草—反枝苋. 杂草学报(4): 54-57.

十三、皱果苋

1. 形态特征

皱果苋（*Amaranthus viridis* L.）又名绿苋、野人苋、野苋，为苋科（Amaranthaceae）苋属（*Amaranthus*），一年生草本植物。高40～80cm，全体无毛。茎直立，有不明显棱角，稍有分枝，绿色或带紫色。单叶互生，叶片呈卵形、卵状矩圆形或卵状椭圆形，长3～9cm，宽2.5～6cm，顶端尖凹或凹缺，少数圆钝，有1芒尖，基部宽楔形或近截形，全缘或微呈波状缘；叶柄长3～6cm，绿色或带紫红色。圆锥花序顶生，长6～12cm，宽1.5～3cm，有分枝，由穗状花序形成，圆柱形，细长，直立，顶生花穗比侧生者长；总花梗长2～2.5cm；苞片及小苞片披针形，长不及1mm，顶端具凸尖；花被片矩圆形或宽倒披针形，长1.2～1.5mm，内曲顶端急尖，背部有1绿色隆起中脉；雄蕊比花被片短；柱头3或2。胞果扁球形，直径约2mm，绿色，不裂，极皱缩，超出花被片。种子近球形，直径约1mm，黑色或黑褐色，具薄且锐的环状边缘。花期6-8月，果期8—10月。

皱果苋（祁志军　提供）
A.成株　B.叶（示尖端小刺）

2. 在中国分布区域

　　皱果苋原产热带非洲，广泛分布在两半球的温带、亚热带和热带地区，传入我国时间不详。目前，除西藏外，其余省区均有分布，多生于农田、果园、村庄附近的杂草地上或田野间。

3. 传播与危害

　　皱果苋以种子繁殖，种子产量高，寿命长，传播方式多样，可伴随自然界的风力、水力，以及人类或动物传播，到达草坪则形成杂草害，到达作物和蔬菜地则影响其产量。该植物适应性强、耐寒、耐热性强，是菜地和秋旱作物田间的杂草，其成株具有很强的抗逆性，叶量大、多分枝、生物产量高，这些特性使得这些外来种具有很强的竞争优势，主要为害玉米、大豆、棉花、薄荷、甘薯等，属于严重入侵类（2级）植物。

主要参考文献

刘文哲，2019. 中国秦岭经济植物图鉴(上). 西安: 世界图书出版西安有限公司.

马金双，2013. 中国入侵植物名录. 北京: 高等教育出版社.

吴志瑰, 付小梅, 胡生福, 等, 2016. 苋属2种植物的形态与显微鉴别比较研究. 中药材, 39(11): 2486-2489.

郑卉, 何兴金, 2011. 苋属4种外来有害杂草在中国的适生区预测. 植物保护, 37(2): 81-86.

中国科学院植物研究所. 中国外来入侵物种信息系统. 皱果苋 *Amaranthus viridis*. https://www.plantplus.cn/ias/info/279.

中国科学院中国植物志编辑委员会，1979. 皱果苋 *Amaranthus viridis*. 中国植物志. 北京: 科学出版社.

十四、刺苋

1. 形态特征

刺苋（*Amaranthus spinosus* L.）又名勒苋菜、笋苋菜、刺苋菜、勒苋菜，为苋科（Amaranthaceae）苋属（*Amaranthus*），一年生草本植物。高30～100cm。茎直立，圆柱形或钝棱形，多分枝，有纵条纹，绿色或带紫色，无毛或稍有柔毛。叶片菱状卵形或卵状披针形，长3～12cm，宽1～5.5cm，顶端圆钝，具微凸头，基部楔形，全缘，无毛，或幼时沿叶脉稍有柔毛；叶柄长1～8cm，无毛，在其旁有2刺，刺长5～10mm。圆锥花序腋生及顶生，长3～25cm，下部顶生花穗常全部为雄花；苞片在腋生花簇及顶生花穗的基部者变成尖锐直刺，长5～15mm，在顶生花穗的上部者狭披针形，长1.5mm，顶端急尖，具凸尖，中脉绿色；小苞片狭披针形，长约1.5mm；花被片绿色，顶端急

刺苋（祁志军　提供）
A.成株　B.茎（示直刺）　C.花序

尖，具凸尖，边缘透明，中脉绿色或带紫色，在雄花者矩圆形，长2～2.5mm，在雌花者矩圆状匙形，长1.5mm；雄蕊花丝和花被片略等长或较短；柱头3，有时2。胞果矩圆形，长1～1.2mm，在中部以下不规则横裂，包裹在宿存花被片内。种子近球形，直径1～1.2mm，黑色或带棕黑色。花果期7—11月。

2. 在中国分布区域

刺苋原产热带美洲，随货物贸易传入我国。1836年，首次在澳门发现，目前主要分布于辽宁、河北、北京、山西、山东、河南、陕西、安徽、江苏、浙江、上海、江西、湖南、湖北、四川、重庆、贵州、云南、台湾、福建、广东、广西、香港、海南等地，多生于旷地、园圃、农耕地。

3. 传播与危害

刺苋通过种子繁殖，为雌雄同株的被子植株，不仅能进行自花传粉，还可依靠风力和昆虫传授花粉，种子产量较高，寿命长，有多种传播方式，可依靠自然界的风力、水力，以及人类或动物传播。常大量滋生危害旱作农田、蔬菜地及果园，且因成熟植株有刺而清除比较困难，易伤害人畜。刺苋为恶意入侵类（1级）植物，先后于2010年和2023年被列入第二批中国外来入侵物种名单和重点管理外来入侵物种名录。

主要参考文献

吕玉峰, 付岚, 张劲林, 等, 2015. 苋属入侵植物在北京的分布状况及风险评估. 北京农学院学报, 30(2): 20-23.

吴志瑰, 胡生福, 付小梅, 等, 2016. 刺苋的形态与显微鉴别. 中国实验方剂学杂志, 22(10): 25-27.

中国科学院植物研究所. 中国外来入侵物种信息系统. 刺苋 *Amaranthus spinosus*. https://www.plantplus.cn/ias/info/275.

中国科学院中国植物志编辑委员会, 1979. 刺苋 *Amaranthus spinosus*. 中国植物志. 北京: 科学出版社.

十五、空心莲子草

1. 形态特征

空心莲子草 [*Alternanthera philoxeroides* (Mart.) Griseb.] 又名喜旱莲子草、水花生、革命草、水蕹菜、空心苋、长梗满天星、长梗满天星、东洋草、过江龙、湖羊草、花生藤草、甲藤草、抗战草、空心莲、空心莲子菜、空心苋、螃蜞菊、水冬瓜、水马兰头、通通草、洋马兰、野花生，为苋科（Amaranthaceae），莲子草属（*Alternanthera*），多年生宿根性草本植物。茎基部匍匐，上部上升，管状，不明显4棱，长55～120cm，具分枝，幼茎及叶腋有白色或锈色柔毛，茎老时无毛，仅在两侧纵沟内保留。叶片矩圆形、矩圆状倒卵形或倒卵状披针形，长2.5～5cm，宽7～20mm，顶端急尖或圆钝，具短尖，基部渐狭，全缘，两面无毛或上面有贴生毛及缘毛，下面有颗粒状突起；叶柄长3～10mm，无毛或微有柔毛。花密生，花序头状，单生在叶腋，球形，直径8～15mm；苞片及小苞片白色，顶端渐尖，具1脉；苞片卵形，长2～2.5mm，小苞片披针形，长2mm；花被片矩圆形，长5～6mm，白色，光亮，无毛，顶端急尖，背部侧扁；雄蕊花丝长2.5～3mm，基部连合成杯状，退化雄蕊矩圆状条形，和雄蕊约等长，顶端裂成窄条；子房倒卵形，具短柄，背面侧扁，顶端圆形。果实未见。花期5—10月。

空心莲子草（祁志军　提供）
A.成株　B.花

2. 在中国分布区域

空心莲子草原产拉丁美洲巴西，20世纪30—40年代作为饲料引种传入我国上海等地。目前，主要分布于广西、福建、浙江、江苏、江西、湖南、湖北、台湾、北京、四川、河北，后逸为野生，现已成为危害较大的入侵植物，陕西秦岭南北坡普遍分布。

3. 传播与危害

空心莲子草繁殖方式以无性繁殖为主。该植物喜温热气候，耐寒性强；适应性强，水、陆均能生长，表型可塑性和入侵性很强，可入侵多种生境，生长迅速难以控制，对入侵地的生物多样性、生态系统和社会经济造成很大的影响。空心莲子草为恶意入侵类（1级）植物，先后于2003年和2023被列入中国第一批外来入侵物种名单和重点管理外来入侵物种名录。

主要参考文献

刘文哲，2019.中国秦岭经济植物图鉴(上).西安：世界图书出版西安有限公司.

张文艳，庞静，2013.空心莲子草的入侵机制及其防治对策.作物研究，27(3): 302-306.

中国科学院植物研究所.中国外来入侵物种信息系统.喜旱莲子草 *Alternanthera philoxeroides*. https://www.plantplus.cn/ias/info/281.

中国科学院中国植物志编辑委员会，1979.空心莲子草 *Alternanthera philoxeroides*.中国植物志.北京：科学出版社.

十六、野燕麦

1. 形态特征

野燕麦（*Avena fatua* L.）又名燕麦草、乌麦、铃铛麦，为禾本科（Poaceae）燕麦属（*Avena*），一年生草本植物。秆直立或基部膝曲，光滑无毛，高50～150cm，具2～4节。叶鞘松弛，光滑或基部被微毛；叶舌透明膜质，长1～5mm；叶片扁平，长10～30cm，宽4～12mm，微粗糙，或上面和边缘疏生柔毛。圆锥花序开展，金字塔形，长10～25cm，分枝具棱角，粗糙；小穗长18～25mm，含2～3小花，其柄弯曲下垂，顶端膨胀；小穗轴密生淡棕色或白色硬毛，其节脆硬易断落，第一节间长约3mm；颖草质，几相等，通常具9脉；外稃质地坚硬，第一外稃长15～20mm，背面中部以下具淡棕色或白色硬毛，芒自稃体中部稍下处伸出，长2～4cm，膝曲，芒柱棕色，扭转。颖果被淡棕色柔毛，腹面具纵沟长6～8mm。花果期4—9月。

野燕麦（祁志军　提供）
A. 成株　B. 花序

2. 在中国分布区域

野燕麦原产欧洲南部及地中海沿岸，随小麦进口传入我国。1861年，首次在香港发现，现已广泛分布于我国各地。常生于荒芜田野或田间，与小麦混生而为有害杂草。

3. 传播与危害

野燕麦以种子繁殖，是危害青稞、小麦等农作物的农田恶性杂草之一，它与农作物争水肥、争光照、争生长空间，导致作物茎秆质量差，引起青稞严重倒伏，成熟延迟，籽粒秕瘦。野燕麦为严重入侵类（2级）植物，先后于2016年和2023年被列入第四批中国外来入侵物种名单和重点管理外来入侵物种名录。

主要参考文献

中国科学院植物研究所. 中国外来入侵物种信息系统. 野燕麦 *Avena fatua*. https://www.plantplus.cn/ias/info/37.

中国科学院中国植物志编辑委员会, 1987. 野燕麦 *Avena fatua*. 中国植物志. 北京: 科学出版社.

十七、节节麦

1. 形态特征

节节麦（*Aegilops tauschii* Coss.）又名山羊草，为禾本科（Poaceae）山羊草属（*Aegilops*），一年生或多年生草本植物。秆高20～40cm。叶鞘紧密包茎，平滑无毛而边缘具纤毛；叶舌薄膜质，长0.5～1mm；叶片宽约3mm，微粗糙，上面疏生柔毛。穗状花序圆柱形，含（5）7～10（13）个小穗；小穗圆柱形，长约9mm，含（3）

节节麦（祁志军　提供）
A.成株群落　B.幼苗　C.花序　D.穗

4 ~（5）小花；颖革质，长4 ~ 6mm，通常具7 ~ 9脉，或可达10脉以上，顶端截平或有微齿；外稃披针形，顶具长约1cm的芒，穗顶部者长达4cm，具5脉，脉仅于顶端显著，第一外稃长约7mm；内稃与外稃等长，脊上具纤毛。颖果饱满，白黄色。花果期5—6月。

2. 在中国分布区域

节节麦原产西亚，最初作为饲料和抗源引种传入我国，随后发生外逸。1955年，首次在河南新乡发现。目前主要分布于陕西、河南、河北、山西、山东、江苏、青海、新疆等地。多生于荒芜草地或麦田中。

3. 传播与危害

节节麦以种子繁殖，种子成熟后一部分落在田里，翌年萌发，而大部分混杂在小麦等作物籽实中随调运传播。该植物为世界十大恶性杂草之一，具有繁殖能力强、耐干旱、适应性强、易传播等特点，与小麦的生长习性、出苗时间及苗期特征极其接近，已经成为旱田、草地、麦田的常见杂草。小麦收割机的长途跨区作业是节节麦传播的重要媒介。节节麦2007年被列入中华人民共和国进境植物检疫性有害生物名录。

主要参考文献

房锋，2012. 节节麦（*Aegilops tauschii* Coss.）生态适应性. 北京：中国农业科学院.

李坤陶，李文增，2006. 生物入侵与防治. 北京：光明日报出版社.

全国农业技术推广服务中心，2008. 小麦病虫草害发生与监控. 北京：中国农业出版社.

颜济，杨俊良，崔乃然，等，1984. 新疆伊犁地区的节节麦（*Aegilops tauschii* Cosson）. 作物学报，10(1): 1-8.

中国科学院植物研究所. 中国外来入侵物种信息系统. 山羊草 *Aegilops tauschii*. https://www.plantplus.cn/ias/info/33.

中国科学院中国植物志编辑委员会，1987. 节节麦 *Aegilops tauschii*. 中国植物志. 北京：科学出版社.

十八、扁穗雀麦

1. 形态特征

扁穗雀麦（*Bromus catharticus* Vahl）为禾本科雀麦属，一年生或短期多年生草本植物。须根发达。茎直立丛生，高60 ~ 100cm，高者达2m以上，直径约5mm。叶鞘闭合，早期被柔毛，后渐脱落；叶舌膜质长2 ~ 3mm，有细缺刻；叶片披针形，长达30 ~ 50cm，宽4 ~ 8mm，散生柔毛。圆锥花序开展疏松，长20cm，有的穗形较紧凑；分枝长约10cm，粗糙，具1 ~ 3枚大型小穗；小穗极压扁，通常6 ~ 12个小花，长2 ~ 3cm，宽8 ~ 10mm，小穗轴节间长约2mm，粗糙；颖尖披针形，第一颖长10 ~ 12mm，具7脉，第二颖稍长，具7 ~ 11脉；外稃长15 ~ 20mm，具11脉，沿脉粗糙，顶端裂处具小芒尖，基盘钝圆，无毛；内稃窄狭，较短小，长约为外稃的1/2，两脊生纤毛；雄蕊3，花药长0.3～0.6mm。颖果与内稃贴生，长7～8mm，胚比1/7，顶端具茸毛。花果期为春季5月和秋季9月。

扁穗雀麦（祁志军 提供）
A.成株 B.小苗 C.花序

2. 在中国分布区域

扁穗雀麦原产南美洲，1948年左右作为牧草引入我国南京，随后逸生野外。在北方内蒙古、新疆、青海、陕西、河北、北京等地为一年生；在南方江苏、云南、四川、贵州、广西等地为短期多年生。常生于山坡荫蔽沟边。

3. 传播与危害

扁穗雀麦主要以种子繁殖，结实性强，籽粒小，生命力强，近距离可随风、雨、水传播，远距离可随种子调运传播。在麦田一旦发生，危害非常大，可伴随着小麦生长，与小麦争肥、争水、争光，影响小麦的产量和质量，被列为严重入侵类（2级）植物。

主要参考文献

崔茂盛，徐桂芬，徐驰，2011.云南温带多年生优良牧草：扁穗雀麦.草业与畜牧(6): 36-37.

马金双，2013.中国入侵植物名录.北京：高等教育出版社.

田宏，刘洋，张鹤山，等，2009.扁穗雀麦种子萌发吸水特性与萌发温度的研究.中国草地学报，31(2): 53-58.

杨桦，唐成斌，1996.牧草侵入性、侵占性的初步研究.中国草地 (1): 80.

中国科学院植物研究所.中国外来入侵物种信息系统.扁穗雀麦 *Bromus catharticus*. https: //www.plantplus.cn/ias/info/30.

中国科学院中国植物志编辑委员会，2002.扁穗雀麦 *Bromus catharticus*.中国植物志.北京：科学出版社.

十九、多花黑麦草

1.形态特征

多花黑麦草（*Lolium multiflorum* Lamk.）又名意大利黑麦草，为禾本科（Poaceae）黑麦草属（*Lolium*），一年生、越年生或短期多年生禾本科草。须根密集，主要分布于15cm以上的土层中。秆成疏丛，直立或基部偃卧节上生根，高50～130cm，具4～5节，较细弱至粗壮。叶鞘较疏松，叶舌较小或不明显，叶片扁平，长10～30cm，宽3～8mm，无毛，上面微粗糙。穗状花序长15～25cm，宽5～8mm，小穗以背面对向穗轴，长10～18mm，含10～15小花；颖披针形，质地较硬，具5～7脉，长5～8mm，具狭膜质边缘，顶端钝，通常与第一小花等长；外稃长圆状披针形，长约6mm，具5脉，基盘小，顶端膜质透明，第一外稃长6mm，芒细弱，长约5mm，内稃与外稃等长，脊上具纤毛。颖果长圆形，长为宽的3倍。花果期7—8月。

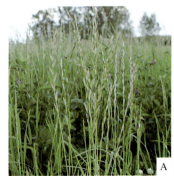

多花黑麦草（祁志军　提供）
A.成株群落　B.花序　C.花

2.在中国分布区域

多花黑麦草原产于欧洲南部，20世纪80年代作为优良牧草在我国引种栽培，后逸生。国内主要分布在内蒙古、辽宁、吉林、北京、河北、山东、河南、陕西、新疆、青海、甘肃、宁夏、安徽、江西、湖南、湖北、上海、江苏、浙江、四川、重庆、贵州、广东、广西、云南、福建、台湾等地。

3.传播与危害

多花黑麦草以种子繁殖和传播，在我国多地作为草坪绿化、畜牧养殖等进行种植。但最近几年，在河南南部、江苏苏北、安徽阜阳等地，该植物侵入小麦田，已形成优势杂草群落，对小麦田危害很大，影响小麦生长，造成小麦减产，严重的甚至绝收。如今其遍布中国大部分省地，结实量巨大且生长迅速，在华东地区的田间地头、荒地路旁均可见其踪迹，已经建立种群。该植物还是赤霉病和冠锈病的寄主。多花黑麦草目前为一般入侵类（4级）植物。

主要参考文献

马金双, 2013. 中国入侵植物名录. 北京: 高等教育出版社.

严靖, 2016. 黑麦草属在草坪中的应用及其入侵性. 园林 (11): 58-62.

中国科学院植物研究所. 中国外来入侵物种信息系统. 多花黑麦草 *Lolium multiflorum*. https: //www. plantplus.cn/ias/info/41.

中国科学院中国植物志编辑委员会, 2002. 多花黑麦草 *Lolium multiflorum*. 中国植物志. 北京: 科学出版社.

二十、毒麦

1. 形态特征

毒麦（*Lolium temulentum* L.）又名黑麦子、迷糊闹心麦、小尾巴麦（子），为禾本科（Poaceae）黑麦草属（*Lolium*），一年生草本植物。秆成疏丛，高20～120cm，具3～5节，无毛。叶鞘长于其节间，疏松；叶舌长1～2mm；叶片扁平，质地较薄，长10～25cm，宽4～10mm，无毛，顶端渐尖，边缘微粗糙。穗形总状花序长10～15cm，宽1～1.5cm；穗轴增厚，质硬，节间长5～10mm，无毛；小穗含4～10小花，长8～10mm，宽3～8mm；小穗轴节间长1～1.5mm，平滑无毛；颖较宽大，与其小穗近等长，质地硬，长8～10mm，宽约2mm，有5～9脉，具狭膜质边缘；外稃长5～8mm，

毒麦（祁志军　提供）
A.成株　B.花序　C.颖果

椭圆形至卵形，成熟时肿胀，质地较薄，具5脉，顶端膜质透明，基盘微小，芒近外稃顶端伸出，长1～2cm，粗糙；内稃约等长于外稃，脊上具微小纤毛。颖果长4～7mm，为其宽的2～3倍，厚1.5～2mm，腹面凹陷成一宽沟，与内稃嵌合不易脱离。花果期6—7月。

2. 在中国分布区域

毒麦原产欧洲地中海地区和亚洲西南部，通过进口小麦携带传入我国。1954年，首次在黑龙江发现。目前，在我国北京、河北、天津、内蒙古、黑龙江、辽宁、江苏、福建、江西、安徽、上海、浙江、湖南、山东、河南、陕西、甘肃、青海、新疆等省份有分布。

3. 传播与危害

毒麦通过种子繁殖和传播，其外形与小麦极其类似，曾在进口的小麦种子中发现，属于无意引入，分蘖繁殖快，侵入麦田后，若不及时清除，几年之内混杂率可上升到60%～70%，严重影响小麦的生长；该植物为有毒杂草，籽粒中含有能麻痹中枢神经的毒麦碱，人畜误食后可引起中毒。毒麦为恶意入侵类（1级）植物，先后于2003年和2007年被列入首批中国外来入侵物种名单和中华人民共和国进境植物检疫性有害生物名录。

主要参考文献

林金成，强胜，吴海荣，等，2004. 毒麦. 杂草科学 (3): 53-55.

中国科学院植物研究所. 中国外来入侵物种信息系统. 毒麦 *Lolium temulentum*. https://www.plantplus.cn/ias/info/46.

中国科学院中国植物志编辑委员会，2002. 毒麦 *Lolium temulentum*. 中国植物志. 北京：科学出版社.

二十一、曼陀罗

1. 形态特征

曼陀罗（*Datura stramonium* L.）又名万桃花、狗核桃、醉仙桃、醉心花，为茄科（Solanaceae）曼陀罗属（*Datura*），一年生草本或半灌木状。高0.5～1.5m，全体近于平滑或在幼嫩部分被短柔毛。茎粗壮，圆柱状，淡绿色或带紫色，下部木质化。叶广卵形，顶端渐尖，基部不对称楔形，边缘有不规则波状浅裂，裂片顶端急尖，有时亦有波状牙齿，侧脉每边3～5条，直达裂片顶端，长8～17cm，宽4～12cm；叶柄长3～5cm。花单生于枝杈间或叶腋，直立，有短梗；花萼筒状，长4～5cm，筒部有5棱角，两棱间稍向内陷，基部稍膨大，顶端紧围花冠筒，5浅裂，裂片三角形，花后自近基部断裂，宿存部分随果实而增大并向外反折；花冠漏斗状，下半部带绿色，上部白色或淡紫色，檐部5浅裂，裂片有短尖头，长6～10cm，檐部直径3～5cm，雄蕊不伸出花冠，花丝长约3cm，花药长约4mm；子房密生柔针毛，花柱长约6cm。果柄直立且短。蒴果呈卵状，长3～4.5cm，直径2～4cm，表面生有坚硬针刺或有时无刺而近平滑，成熟后淡黄色，规则4瓣裂。种子卵圆形，稍扁，长约4mm，黑色。花期6—10月，果期7—11月。

曼陀罗（祁志军　提供）
A.成株　B.花　C.蒴果

2. 在中国分布区域

曼陀罗原产于墨西哥，现已广布于世界各大洲，传入我国时间不详，目前各省地都有分布。常生长于住宅旁、路边或草地上。

3. 传播与危害

曼陀罗通过种子繁殖和传播，种子数量大，繁殖力强，可迅速占领生境空间。而且该植物全草有毒，有毒成分为莨菪碱、阿托品及东莨菪碱等生物碱，可刺激大脑细胞发生强烈的骚动，刺激脊髓神经反射系统，使之发生抽搐和痉挛。曼陀罗为严重入侵类（2级）植物。

主要参考文献

刘文哲，2019. 中国秦岭经济植物图鉴(下). 西安：世界图书出版西安有限公司.

马金双，2013. 中国入侵植物名录. 北京：高等教育出版社.

王凡一，张婷婷，许亮，等，2021. 曼陀罗的本草考证. 中药材，44(3): 724-729.

中国科学院植物研究所. 中国外来入侵物种信息系统. 曼陀罗 Datura stramonium. https://www.plantplus.cn/ias/info/339.

中国科学院中国植物志编辑委员会，1978. 曼陀罗 Datura stramonium. 中国植物志. 北京：科学出版社.

二十二、洋金花

1. 形态特征

洋金花（*Datura metel* L.）又名枫茄花、闹羊花、喇叭花、风茄花、白花曼陀罗、白曼陀罗、风茄儿、山茄子、颠茄、大颠茄、洋伞花，为茄科（Solanaceae）曼陀罗属（*Datura*），一年生直立草木。呈半灌木状，高0.5～1.5m，全体近无毛；茎基部稍木质化。叶卵形或广卵形，顶端渐尖，基部不对称圆形、截形或楔形，长5～20cm，宽4～15cm，边缘有不规则的短齿或浅裂或者全缘而波状，侧脉每边4～6条；叶柄长2～5cm。花单生于枝杈间或叶腋，花梗长约1cm。花萼筒状，长4～9cm，直径2cm，裂片狭三角形或披针形，果实宿存部分增大成浅盘状；花冠长漏斗状，长14～20cm，檐部直径6～10cm，筒中部之下较细，向上扩大呈喇叭状，裂片顶端有小尖头，白色、黄色或浅紫色，单瓣，在栽培类型中还有2重瓣或3重瓣；雄蕊5，在重瓣类型中常变态成15枚左右，花药长约1.2cm；子房疏生短刺毛，花柱长11～16cm。果柄斜生、较长且向下弯曲。蒴果近球状或扁球状，疏生粗短刺，直径约3cm，不规则4瓣裂。种子淡褐色，宽约3mm。宿存的萼筒部分呈浅盘状。花果期3—12月。

洋金花（祁志军　提供）
A.成株　B.花　C.果实

2. 在中国分布区域

洋金花原产热带美洲和印度，现广布世界温热带地区，传入我国时间不详。国内除青海和宁夏外，各地均有分布，香港、澳门、台湾、福建、广东、广西、云南、贵州等地常为野生，江苏、浙江栽培较多，江南其他省地和北方许多城市有栽培。常生于向阳的山坡草地或住宅旁。

3.传播与危害

洋金花以种子繁殖和传播，叶和花含莨菪碱和东莨菪碱，误食会导致人畜中毒，为一般入侵类（4类）植物。

主要参考文献

马金双,2013.中国入侵植物名录.北京:高等教育出版社.

中国科学院植物研究所.中国外来入侵物种信息系统.洋金花 *Datura metel*. https://www.plantplus.cn/ias/info/338.

中国科学院中国植物志编辑委员会,1978.洋金花 *Datura metel*.中国植物志.北京:科学出版社.

二十三、毛果茄

1.形态特征

毛果茄（*Solanum viarum* Dunal）又名颠茄、癫茄、丁茄、牛茄子，为茄科（Solanaceae）茄属（*Solanum*），一年生草本或亚灌木植物。茎直立，高0.5～2m，具刺，

毛果茄（祁志军　提供）
A.成株　B.叶（示皮刺）　C.花　D.幼果　E.成熟果实

端部向外弯曲，具很多微小的茸毛，多腺毛。茎圆柱状，分枝，具浓密而短柔毛。叶片宽卵形，具皮刺、粗糙，很多室，裂片钝尖在先端；叶柄粗壮3～7cm。总状花序，腋生或近簇生，1～5花；两性花同株，花梗4～6mm，花萼钟状，7～10mm，裂片长圆状披针形，0.6～1.2mm，花冠白色或绿色，花瓣后弯；裂片披针形，花萼短柔毛10mm，花丝1～1.5mm；花药披针形，渐尖，子房被微柔毛；花柱长约8mm，无毛。未成熟的果实有斑驳的亮与暗绿色的花纹；成熟的果实是光滑、浅黄、球状，直径2～3cm。种子红褐色，直径2～2.8mm。花期6—8月，果期6—10月。

2. 在中国分布区域

毛果茄原产于巴西和阿根廷，随货物运输无意传入我国。1960年，在云南首次发现，目前在台湾、广东、湖北、湖南、甘肃、重庆、云南、西藏、新疆等地有分布；陕西安康地区也有零星发现。多生于荒地、草地、灌丛、疏林、沟渠、路旁。

3. 传播与危害

毛果茄以种子繁殖和传播，为中等风险入侵植物，适生性分析结果中最适宜分布的地区在四川、云南、贵州、广西和重庆，应加强以上地区毛果茄的检疫和后续监管力度，防止其入侵和扩散，保护农牧生产和生态安全。毛果茄为有待观察类（5级）植物，于2016年被列入第四批中国外来入侵物种名单。

主要参考文献

中国科学院植物研究所. 中国外来入侵物种信息系统. 毛果茄 *Solanum viarum*. https://www.plantplus.cn/ias/info/356.

中国科学院中国植物志编辑委员会, 1994. Flora of China Vol. 17, 北京: 科学出版社.

二十四、圆叶牵牛

1. 形态特征

圆叶牵牛 [*Ipomoea purpurea* (L.) Roth] 又名牵牛花、喇叭花、紫花牵牛，为旋花科（Convolvulaceae）番薯属（*Ipomoea*），一年生缠绕草本植物。茎上被倒向的短柔毛杂有倒向或开展的长硬毛。叶呈圆心形或宽卵状心形，长4～18cm，宽3.5～16.5cm，基部圆，心形顶端锐尖、骤尖或渐尖，通常全缘，偶有3裂，两面疏或密被刚伏毛；叶柄长2～12cm，毛被与茎同。花腋生，单一或2～5朵着生于花序梗顶端成伞形聚伞花序，花序梗比叶柄短或近等长，长4～12cm，毛被与茎相同；苞片线形长6～7mm，被开展的长硬毛；花梗长1.2～1.5cm，被倒向短柔毛及长硬毛；萼片近等长，长1.1～1.6cm，外面3片长椭圆形，渐尖，内面2片线状披针形，外面均被开展的硬毛，基部更密；花冠漏斗状，长4～6cm，紫红色、红色或白色，花冠管通常白色，瓣中带于内面色深，外面色淡；雄蕊与花柱内藏；雄蕊不等长，花丝基部被柔毛；子房无毛，3室，每室2胚珠，柱头头状；花盘环状。蒴果近球形，直径9～10mm，3瓣裂。种子呈卵状三棱形，长约5mm，黑褐色或米黄色，被极短的糠秕状毛。花期5—10月，果期8—11月。

圆叶牵牛（祁志军　提供）
A.成株　B.花序　D.花

2. 在中国分布区域

圆叶牵牛原产热带美洲，1890年作为观赏花卉引入我国上海等地种植。目前，在全国各省区均有栽培或逸生，常生于田边、路边、宅旁或山谷林内。

3. 传播与危害

圆叶牵牛以播种繁殖为主，能够迅速蔓延，争夺养分和水分，侵占其他植物的生存空间，导致其他植物生长受阻、死亡。该植物能够传播花叶病毒、立枯病、白粉病等多种病毒和细菌，对农作物健康造成危害。圆叶牵牛为恶意入侵类（1级）植物，2014年被列入第三批中国外来入侵物种名单。

主要参考文献

中国科学院植物研究所. 中国外来入侵物种信息系统. 圆叶牵牛 *Ipomoea purpurea*. https://www.plantplus.cn/ias/info/330.

中国科学院中国植物志编辑委员会，1979. 圆叶牵牛 *Ipomoea purpurea*. 中国植物志. 北京：科学出版社.

二十五、原野菟丝子

1. 形态特征

原野菟丝子（*Cuscuta campestris* Yunck.）又名田野菟丝子，为旋花科（Convolvulaceae）菟丝子属（*Cuscuta*），一年生寄生草本植物。茎缠绕，表面光滑，初为黄绿色，后转黄色至橙色，直径0.5～0.8mm；与寄主茎接触膨大部分的直径可达1mm或更粗，表面密生小瘤状突起，粗糙，吸器棒状，由数列纵向细胞组成，顶端细胞膨大。无叶。花序侧生，每一花序有花4～18朵（多数为6～13朵），密集成球形花簇，近无总花序硬；支花序梗长约2mm，花梗粗壮，长约1mm；苞片小，鳞片状，无小苞片；花萼杯状，长约1.5mm，近基部开裂，裂片5，顶端宽圆；花冠白色，短钟状，长约2.5mm，通常5裂，有时4裂，裂片宽三角形，长约1mm顶端尖或稍钝，向外反折，雄蕊着生于花冠裂片弯缺处下方，与花冠裂片等长，有时稍短或略长，花药卵圆形，花丝比花药长，鳞片很大，约与花冠管等长或更长，边缘具长毛，子房扁球形，花柱2，柱头球形。蒴果扁球形，直径约3mm，高约2mm，下半部为宿存花冠包围，成熟时不规则开裂，种子1～4粒，褐色，卵形。花期和果期很长，从9月至翌年1月可陆续开花、结果。

原野菟丝子（祁志军　提供）
A.成株群落　B.花序

2. 在中国分布区域

原野菟丝子原产北美洲，分布于美洲、欧洲、非洲、亚洲、大洋洲和太平洋诸岛，随货物或旅行者无意传入我国。1986年，在福建首次发现，目前在北京、河北、河南、上海、浙江、江西、福建、广东、广西、湖南、湖北、四川、新疆、内蒙古、香港、台湾有分布；近年来在陕西榆林等地也有发现。

3. 传播与危害

原野菟丝子主要以种子繁殖，在自然条件下，种子萌发与寄主植物的生长具有同步节律性。当寄主进入生长季节时，原野菟丝子种子也开始萌发和寄生生长，可寄生豆科、苋属、旋花属、锦葵属、蓼属、藜属、番茄属等植物。原野菟丝子为有待观察类（5级）植物，菟丝子属所有物种2007年被列入中华人民共和国进境植物检疫性有害生物名录。

主要参考文献

田立超, 万涛, 吴道军, 等, 2017. 菟丝子属植物常见种类鉴定特征及防控方法. 绿色科技(13): 3-4.

张绍升, 1989. 原野菟丝子在中国重新发现. 福建农学院学报(3): 308-311.

中国科学院植物研究所. 中国外来入侵物种信息系统. 原野菟丝子 *Cuscuta campestris*. https://www.plantplus.cn/ias/info/319.

中国科学院中国植物志编辑委员会, 1979. 原野菟丝子 *Cuscuta campestris*. 中国植物志. 北京: 科学出版社.

二十六、五爪金龙

1. 形态特征

五爪金龙 [*Ipomoea cairica* (L.) Sweet] 为旋花科番薯属，是多年生缠绕草本植物。

五爪金龙（祁志军　提供）
A. 成株　B. 叶　C. 花

全体无毛，老时根上具块根。茎细长，有细棱，有时有小疣状突起。叶掌状5深裂或全裂，裂片卵状披针形、卵形或椭圆形，中裂片较大，长4～5cm，宽2～2.5cm，两侧裂片稍小，顶端渐尖或稍钝具小短尖头，基部楔形渐狭，全缘或不规则微波状，基部1对裂片通常再2裂；叶柄长2～8cm，基部具小的掌状5裂的假托叶（腋生短枝的叶片）。聚伞花序腋生，花序梗长2～8cm，具1～3朵花，或偶有3朵以上；苞片及小苞片均小，鳞片状，早落；花梗长0.5～2cm，有时具小疣状突起；萼片稍不等长外侧2片较短，卵形，长5～6mm，外面有时有小疣状突起，内萼片稍宽长7～9mm，萼片边缘干膜质，顶端钝圆或具不明显的小短尖头；花冠紫红色、紫色或淡红色，偶有白色，漏斗状，长5～7cm；雄蕊不等长，花丝基部稍扩大下延贴生于花冠管基部以上，被毛；子房无毛，花柱纤细，长于雄蕊，柱头2球形。蒴果近球形，高约1cm，2室，4瓣裂；种子黑色，长约5mm，边缘被褐色柔毛。花期5—12月。

2. 在中国分布区域

五爪金龙原产热带亚洲或非洲，现已广泛栽培或归化于全热带地区。1912年，作为观赏植物引入我国香港种植，目前在江苏、贵州、云南、福建、台湾、广东、广西、海南、香港、澳门等地有分布。该植物喜温暖、湿润及阳光充足的环境，耐热、耐瘠、不耐寒，有很强的攀爬能力，多生于山谷林中、山坡灌丛的岩石缝中。

3. 传播与危害

五爪金龙为自交不亲和植物，一般通过异花授粉方式获得种子，通过地上部营养器官进行无性繁殖。在无支持物的情况下，以匍匐生长扩散方式为主，在匍匐生长过程中，匍匐茎节间处可长出不定根，不定根长出侧根并深入土壤为植株吸收营养和水分，当遇到灌木或小乔木或是其他可以攀爬的物体时则转变为攀缘生长，覆盖其他植物，导致作物减产，林木生长缓慢，甚至成片死亡。该植物侵占性强，已经在中国华南地区广泛蔓延，是园林中的重要杂草，抑制了当地物种的生长，对生物多样性和园林景观造成危害。五爪金龙为恶意入侵类（1级）植物，先后于2016年和2023年被列入第四批中国外来入侵物种名单和重点管理外来入侵物种名录。

主要参考文献

王宇涛，麦菁，李韶山，等，2012. 华南地区严重危害入侵植物薇甘菊和五爪金龙入侵机制研究. 华南师范大学学报（自然科学版），44(4): 1-5.

中国科学院植物研究所. 中国外来入侵物种信息系统. 五爪金龙 *Ipomoea cairica*. https: //www.plantplus.cn/ias/info/323.

中国科学院中国植物志编辑委员会，1979. 五爪金龙 *Ipomoea cairica*. 中国植物志. 北京：科学出版社.

朱辉，宋薇薇，唐庆华，等，2015. 林业有害植物五爪金龙的风险分析. 热带农业工程，39(3): 14-18.

二十七、北美独行菜

1.形态特征

北美独行菜（*Lepidium virginicum* L.）又名独行菜、辣椒菜、辣椒根、小白浆、星星菜、弗吉尼亚独行菜、琴叶独行菜等，为十字花科（Brassicaceae）独行菜属（*Lepidium*），一年生或二年生草本植物，高20～50cm。茎单一，直立，上部分枝具柱状腺毛。基生叶倒披针形，长1～5cm，羽状分裂或大头羽裂，裂片大小不等，卵形或长圆形，边缘有锯齿，两面有短伏毛；叶柄长1～1.5cm；茎生叶有短柄，倒披针形或线形，长1.5～5cm，宽2～10mm，顶端急尖，基部渐狭，边缘有尖锯齿或全缘。总状花序顶生；萼片椭圆形，长约1mm；花瓣白色，倒卵形，和萼片等长或稍长；雄蕊2或4。短角果近圆形，长2～3mm，宽1～2mm，扁平，有窄翅，顶端微缺；花柱极短；果梗长2～3mm。种子卵形，长约1mm，光滑，红棕色，边缘有窄翅。花期4—5月，果期6—7月。

北美独行菜（祁志军　提供）
A.成株　B.幼苗　C.花序　D.角果

2.在中国分布区域

北美独行菜原产北美洲，传入我国时间不详。目前，国内各省区均有分布。多生在田边或荒地，为田间杂草。

3.传播与危害

北美独行菜以种子繁殖和传播，种子随农作活动、交通工具、人类活动等扩散。该植物是一种较耐旱的杂草，在小麦、玉米、大豆、花生、荞麦等农田中都有发生，特别在旱地上发生较为严重，可以通过养分竞争、空间竞争和化感作用，影响作物的正常生长，造成减产。另外，北美独行菜也是棉蚜、麦蚜及甘蓝霜霉病和白菜病病毒等的中间寄主。北美独行菜为严重入侵类（2级）植物。

主要参考文献

刘建才，成巨龙，刘艺森，等，2014. 北美独行菜：陕西烟田中的种新杂草. 西北大学学报（自然科学版），44(1): 81-82.

马金双，2013. 中国入侵植物名录. 北京：高等教育出版社.

中国科学院植物研究所. 中国外来入侵物种信息系统. 北美独行菜 *Lepidium virginicum*. https://www.plantplus.cn/ias/info/244.

中国科学院中国植物志编辑委员会，1987. 北美独行菜 *Lepidium virginicum*. 中国植物志. 北京：科学出版社.

二十八、野老鹳草

1. 形态特征

野老鹳草（*Geranium carolinianum* L.）又名老鹳草，为牻牛儿苗科（Geraniaceae）老鹳草属（*Geranium*），一年生或多年生草本植物。高20～50cm。根细，长达7cm。茎直立或斜生，有倒向下的密茸毛，上部分枝。叶圆形或肾形，宽4～7cm，长2～3cm；叶

野老鹳草（祁志军　提供）
A. 幼苗　B. 花

下部互生、上部对生，5～7深裂，每裂有3～5裂小裂片，条形，锐尖头，两面有茸毛；下部茎叶有长柄，达10cm，上部叶柄短，等于或短于叶片。花成对集生于茎端或叶腋，花序柄短或几无柄；小花成对，集生于花梗顶端，红色或淡红色，花柄长1～1.5cm，有腺毛（腺体早落）；萼片宽卵形，有长白毛，在果期增大，长5～7mm；花瓣淡红色，与萼片等长或略长。蒴果长约2cm，顶端有长喙，成熟时裂开，果瓣向上卷曲。种子椭圆形，暗褐色，具微细网纹。花期4—7月，果期5—9月。

2. 在中国分布区域

野老鹳草原产北美洲，传入我国时间不详。目前，主要分布于安徽、江苏、浙江、江西、湖南、湖北、四川、重庆、云南、福建、台湾、广西等地，陕西多地也有发现。该植物喜欢冷凉、湿润的气候，适合生长在潮湿、肥沃、向阳而不积水的土壤。

3. 传播与危害

野老鹳草主要以种子繁殖，无论水田或旱田（如大豆田），贮存在土壤中草籽都能出草。种子传播扩散进入农田，成为油菜和小麦田间的主要恶性杂草。该植物的扩散潜力非常大，被列为严重入侵类（2级）植物。

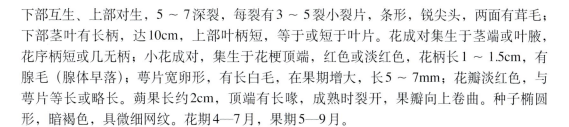

主要参考文献

马金双，2013. 中国入侵植物名录. 北京: 高等教育出版社.

王兆唐，杨根，蒋玉标，等，1999. 大麦田新草害野老鹳草的发生与防治. 大麦科学 (2): 28-29.

徐海根，强胜，2011. 中国外来入侵生物. 北京: 科学出版社.

中国科学院植物研究所. 中国外来入侵物种信息系统. 野老鹳草 *Geranium carolinianum*. https://www.plantplus.cn/ias/info/195.

中国科学院中国植物志编辑委员会，1998. 野老鹳草 *Geranium carolinianum*. 中国植物志. 北京: 科学出版社.

二十九、垂序商陆

1. 形态特征

垂序商陆（*Phytolacca americana* L.）又名洋商陆、美国商陆、美洲商陆、垂穗商陆、十蕊商陆、洋商陆，为商陆科（Phytolaccaceae）商陆属（*Phytolacca*），多年生草本植物。高1～2m。根粗壮，肥大，倒圆锥形。茎直立，圆柱形，有时带紫红色。叶片椭圆状卵形或卵状披针形，长9～18cm，宽5～10cm，顶端急尖，基部楔形；叶柄长1～4cm。总状花序顶生或侧生，长5～20cm；花梗长6～8mm；花白色，微带红晕，直径约6mm；花被片5，雄蕊、心皮及花柱通常均为10，心皮合生。果序下垂；浆果扁球形，熟时紫黑色；种子肾圆形，直径约3mm。花期6—8月，果期8—10月。

垂序商陆（祁志军　提供）
A.成株　B.幼苗　C.果序

2.在中国分布区域

垂序商陆原产北美，1932年作为药材和观赏植物引入我国山东青岛栽培后，遍及我国河北、陕西、山东、江苏、浙江、江西、福建、河南、湖北、广东、四川、云南等省份，后逸生（云南逸生甚多）。

3.传播与危害

垂序商陆可通过种子或分株繁殖。经过长期的适应生长，垂序商陆目前已逸生并侵入天然生态系统，逐渐显现出入侵性。该植物对环境要求不严格，生长迅速，在营养条件较好时，植株高达2m，易形成单优群落，与其他植物竞争养料；其具有较为肥大的肉质直根，消耗土壤肥力，根与浆果对人和牲畜有毒害作用。垂序商陆为恶意入侵类（1级）植物，先后于2016年和2023年被列入第四批中国外来入侵物种名单和重点管理外来入侵物种名录。

主要参考文献

付俊鹏,李传荣,许景伟,等,2012.沙质海岸防护林入侵植物垂序商陆的防治.应用生态学报,23(4):991-997.

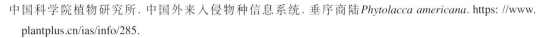

中国科学院植物研究所. 中国外来入侵物种信息系统. 垂序商陆 *Phytolacca americana*. https://www.plantplus.cn/ias/info/285.

中国科学院中国植物志编辑委员会, 1996. 垂序商陆 *Phytolacca americana*. 中国植物志. 北京: 科学出版社.

庄武, 曲智, 曲波, 等, 2009. 警惕垂序商陆在辽宁蔓延. 农业环境与发展, 26(4): 72-73.

三十、齿裂大戟

1. 形态特征

齿裂大戟（*Euphorbia dentata* Michx.）又名紫斑大戟、齿叶大戟、锯齿大戟、紫斑大戟，为大戟科（Euphorbiaceae）大戟属（*Euphorbia*），一年生草本。根纤细，长7 ～ 10cm，直径2 ～ 3mm，下部多分枝。茎单一，上部多分枝，高20 ～ 50cm，直径2 ～ 5mm，被柔毛或无毛。叶对生，线形至卵形，多变化，长2 ～ 7cm，宽5 ～ 20mm，先端尖或钝，基部渐狭边缘全缘、浅裂至波状齿裂，多变化；叶两面被毛或无毛；叶柄长3 ～ 20mm被柔毛或无毛；总苞叶2 ～ 3枚，与茎生叶相同；伞幅2 ～ 3，长2 ～ 4cm；苞叶数枚，与退化叶混生。花序数枚，聚伞状生于分枝顶部，基部具长1 ～ 4mm短柄；总苞钟状，高约3mm，直径约2mm，边缘5裂，裂片三角形，边缘撕裂状；腺体1枚，两唇形，生于总苞侧面，淡黄褐色；雄花数枚，伸出总苞之外；雌花1枚，子房柄与总苞边缘近等长；子房球状，光滑无毛；花柱3分离；柱头两裂。蒴果扁球状，长约4mm，直径约5mm，具3个纵沟；成熟时分裂为3个分果。种子卵球状，长约2mm，直径1.5 ～ 2mm，黑色或褐黑色，表面粗糙，具不规则瘤状突起，腹面具一黑色沟纹；种阜呈盾状，黄色，无柄。花果期7—10月。

齿裂大戟（祁志军 提供）

2. 在中国分布区域

齿裂大戟原产北美，随货物或旅行者无意传入我国。1976年，在北京东北旺药用植物园首次发现，近年发现已归化于北京，在天津、河北、山西、贵州有分布；在陕西汉中也有发现。近年来已在中国科学院植物研究所植物园成为繁殖甚快的杂草。喜温暖潮湿，生于杂草丛、路旁及沟边。

3. 传播与危害

　　齿裂大戟主要以种子繁殖和传播，繁殖力很强，一旦入侵传播将对中国农业生产造成严重危害，为多种作物地的主要杂草。目前该种已入侵我国多个省份，部分地区已经形成庞大的野外居群，极易形成单优群落，侵占原生植物生存空间，破坏原生生态系统，应引起足够的重视。该植物有毒，误食会造成人畜中毒。齿裂大戟为局部入侵类（3级）植物，2007年被列入中华人民共和国进境植物检疫性有害生物名录。

主要参考文献

胡京枝，张晓林，杨海青，等，2024. 河南省外来入侵植物新记录种——齿裂大戟. 河南林业科技，44(1): 4-7.

张路，马丽清，高颖，等，2012. 外来入侵植物齿裂大戟(*Euphorbia dentata* Michx.)的生物学特性及其防治. 生物学通报，47(12): 43-45.

中国科学院植物研究所. 中国外来入侵物种信息系统. 齿裂大戟 *Euphorbia dentata*. https://www.plantplus. cn/ias/info/172.

中国科学院中国植物志编辑委员会，1997. 齿裂大戟 *Euphorbia dentata*. 中国植物志. 北京: 科学出版社.

第四章 其他入侵生物

一、克氏原螯虾

克氏原螯虾（*Procambarus clarkii* Girard）又名红色沼泽螯虾或克氏螯虾，俗称龙虾、淡水小龙虾和大头虾。是一种能在淡水水体中生存和繁衍后代的龙虾，在动物分类学上隶属节肢动物门甲壳纲十足目螯虾亚目螯虾科原螯虾属。克氏原螯虾原产于北美，后传入日本，20世纪30年代由日本传入我国。

英文名：red swamp crayfish

1. 形态特征

克氏原螯虾体分头胸和腹两部分。头部有5对附肢：前两对为发达的触角。胸部有8对附肢：前3对为腭足，与头部的后3对附肢形成口器；后5对为步足，具爬行和捕食功能，前3对步足呈钳状，以第一对特别发达，用来御敌，后2对步足呈爪状。腹部较短，有6对附肢：前5对为游泳足，不发达；最后1为尾肢，与尾节合成发达的尾扇。同龄的雌虾比雄虾个体大。雄虾第二腹足内侧有1对细棒状带刺的雄性附肢，雌虾则无此对附肢，这也是识别克氏原螯虾雌雄的主要特征之一。

克氏原螯虾的幼体为青色，其外部形态与大部分螯虾的幼体类似，而成年克氏原螯虾个体体色通常为深红色，其螯肢上带有锋利的带棘刺，头胸甲坚硬且粗糙，其体长为5.5～18cm。

克氏原螯虾（林建国　提供）
A.正面　B.背面

2. 寄主范围

水体中浮游生物、水生植物、虾类、水生昆虫、软体动物和小型鱼类以及两栖类动物等均可被克氏原螯虾取食。

3. 为害症状

因其适应性强，取食的种类多样，会造成生物多样性锐减，甚至影响湿地生态系统。同时，由于克氏原螯虾本身具有较强的抗病性，是病原菌和寄生蠕虫等中间宿主的携带者，其会造成本地水生生物和水产养殖产品不同程度的发病。另外，克氏原螯虾还具有掘穴的习性，经常破坏当地的堤坝以及土壤结构，危害当地的水利设施。

4. 生活史与习性

克氏原螯虾雄虾寿命为3～4年，雌虾寿命为4～5年。该虾一般9～12个月性成熟，并且一年之中产卵1次。在自然条件下，7—10月为该虾的繁殖季节，其中以8—9月为高峰期；另外，克氏原螯虾不是刚交配后就产卵，而是交配后，等相当长一段时间，大约为30d后才产卵。克氏原螯虾的抱卵量较少，根据规格不同，抱卵量很不稳定。1～2年的雌虾抱卵量一般为100～500粒，平均为200粒；两年以上的雌虾抱卵量为500～1 000粒。

克氏原螯虾喜栖息于水草、树枝、石隙等隐蔽处。该虾昼伏夜出，喜阴怕光。在正常条件下，白天多隐藏在水中较深处或隐蔽物中，很少活动，傍晚太阳下山后开始活动，多聚集在浅水边爬行觅食或寻偶。克氏螯虾对水体溶氧的适应能力很强，在水体缺氧的环境下，它不但可以爬上岸来，而且可以借助水中的漂浮植物或水草将身体侧卧于水面，利用身体一侧的鳃直接从空气中吸取氧气以维持生存。但是溶氧量低于2mg/L时，生长速度几乎是零。

另外，克氏原螯虾喜欢掘洞，并且善于掘洞，该虾掘洞很深，大多数洞穴的深度在50～80cm，约占测量洞穴的70%，部分洞穴的深度超过1m。其洞穴大多挖在离水面0～10cm的范围内，这些潮湿的地基可能适合它掘洞。小龙虾所掘大多数洞穴结构简单，即一个简单的开口和一条逐渐扩大的通向底部的隧道，洞中最多居住的虾不超过2个。离水面较远的洞穴的开口处可能有泥塞子或开有"烟囱"，这可能是为了防止洞中的水分蒸发。克氏原螯虾的掘洞速度很快，挖掘一个洞的时间很短（平均6h），并且一旦遗弃，就很少重新占有，而是去挖掘一个新的洞穴。

5. 在中国分布区域

分布于山西、陕西、河南、河北、天津、山东、江苏、上海、安徽、浙江、江西、湖南、湖北、重庆和四川等20多个省份，其中长江中下游地区是克氏原螯虾的主要分布地区。

主要参考文献

方春林，邓勇辉，余智杰，等，2010.克氏原螯虾生物学特性的研究.江西水产科技 (3): 18-20

呼光富，刘香江，2008.克氏原螯虾生物学特性及其对我国淡水养殖业产生的影响.北京水产，110(1): 49-51.

江舒，庞璐，黄成，2007.外来种克氏原螯虾的危害及其防治.生物学通报，42(5): 15-16.

李艳和，2013.克氏原螯虾在我国的入侵遗传学研究.武汉：华中农业大学.

二、巴西龟

巴西龟（*Trachemys scripta elegans* Wied）属爬行纲龟鳖目泽龟科彩龟属。这种龟类原产于美国中南部和墨西哥等地区。巴西龟因其繁殖率高、生长速度快、强适应力强，因此能够在逆境中生存，还能够与不同科的龟类进行杂交，这进一步加剧了它们对本土龟类的生态威胁，在全球范围内被认为是最具威胁性的入侵物种之一。在中国多地的水生生态系统中已经发现巴西龟分布，对本地物种构成威胁。

英文名：red-eared turtle

1. 形态特征

头部较小，吻部圆钝，头颈部具有红色及淡绿色的纵条纹。眼后有一对红色斑块，这是其显著特征。背甲扁平，呈翠绿色或绿苹果色，中央有一条明显的脊棱。腹甲淡黄色，具有左右对称的黑色环状斑纹。四肢呈淡绿色，趾间有发达的蹼。

2. 寄主范围

巴西龟是杂食性动物，在自然条件下摄食小鱼、小虾、蝌蚪、蚯蚓以及植物的嫩茎叶。在人工养殖条件下，可以摄食鱼、虾、蚯蚓、螺肉、蚌肉、畜禽内脏、植物嫩茎叶、水果、蔬菜、米饭、面条等。

巴西龟（王敦　提供）

3. 为害症状

巴西龟是全球性的入侵物种，对引入地的生态环境安全和生物多样性构成严重威胁。它们具有强烈的捕食能力和繁殖能力，会掠夺其他生物的生存资源，与本土龟类竞争食物、栖息地和产卵场所。巴西龟携带多种致病菌和寄生虫，如吸虫、线虫和沙门氏杆菌等，这些病原体可以通过其粪便传播，感染其他水生生物、鸟类、兽类甚至人类。世界自然基金会（WWF）的资料显示，中国每年由巴西龟导致的直接经济损失高达1 198亿元，除此之外，它们还对中国的生态系统和物种多样性造成了严重的间接经济损失，这些损失超过了1 000亿元。

4. 生活史与习性

巴西龟每年5月中旬开始交配，长江流域的繁殖期为6—8月。雌龟每年可产卵2～3批，每批产卵10～20枚。巴西龟需要经过3年才能达到性成熟，性成熟个体的体重通常在250g以上。巴西龟喜暖怕冷，适温为20～32℃；温度低于11℃时进入冬眠。

5. 在中国分布区域

巴西龟自20世纪80年代经香港引入广东省，继而迅速流向全国。长期以来，由于养殖逃逸、宗教放生、宠物弃养，甚至一些错误的执法放生等原因，导致巴西龟在野外普遍存在。截至2018年，巴西龟在我国各地均有野外分布记录。

主要参考文献

龚世平, 杨江波, 葛研, 等, 2018. 外来物种红耳龟在中国野外分布现状及扩散路径研究. 野生动物学报, 39(2): 373-378.

郭靖, 张春霞, 章家恩, 等, 2016. 巴西龟对福寿螺的直接捕食及间接干扰效应. 华南农业大学学报, 37(6): 59-64.

梁碧霞, 徐艳萍, 武正军, 等, 2019. 鲤鱼对外来入侵物种鳄龟及巴西龟的视觉识别. 生态学杂志, 38(1): 205-209.

木辛, 2016. 从巴西龟看入侵物种放生问题. 环境教育 (11): 50-53.

张春霞, 章家恩, 郭靖, 等, 2019. 我国典型外来入侵动物概况及防控对策. 南方农业学报, 50(5): 1013-1020.

三、牛蛙

牛蛙（*Rana catesbeiana* Shaw）属两栖纲无尾目蛙科蛙属，又称菜蛙，其繁殖性能优异、生长速度快、适应性强、养殖成本较低，是我国重要的水产品之一。牛蛙个体大，头部宽扁，四肢粗壮，前肢较短，其生长周期需要经过蝌蚪期、变态期、幼蛙期、成蛙期四个阶段。牛蛙原产于美国东部数州，1959年从古巴、日本引进我国内陆。

英文名：american bullfrog、bullfrog、common bullfrog

1. 形态特征

牛蛙（王敦 提供）

牛蛙蝌蚪的外观特征包括浑身布满深色斑点和浅色小斑块，体长可达10余cm。头部较大，尾部较小，整体形状类似斗形。在生长过程中，牛蛙蝌蚪会经历一系列的变化，包括头部长出小痘痘、尾巴外部出现透明物质等。最终，蝌蚪会完全变态成熟，尾巴消失，头部和身体颜色也会发生变化。

成年牛蛙个体较大，雌蛙体长达20cm，雄蛙18cm，最大个体可达2kg以上。头部宽扁，口端位，吻端尖圆面钝。眼球外突，分上下两部分，下眼皮上有可折叠的瞬膜，可将眼闭合。背部略粗糙，有细微的肤棱。四肢粗壮，前肢短，无蹼。雄性个体第一趾内侧有一明显的灰色瘤状突起。后肢较长大，趾间有蹼。

肤色随着生活环境而多变，通常背部及四肢为绿褐色，背部带有暗褐色斑纹，头部及口缘鲜绿色，腹面白色。咽喉下面的颜色随雌雄而异，雌性多为白色、灰色或暗灰色，雄性为金黄色。鸣声很大，远闻如牛叫而得名。

2. 为害症状

牛蛙会导致其他蛙类和蛇类种群数量的严重下降、分布区缩小和局部绝灭，严重时会破坏当地的生态系统。

3. 寄主范围

牛蛙是杂食性动物，其成体能吞食比它个体小的任何生物，包括昆虫和甲壳动物、蛇、蜥蜴、小哺乳动物、鸟类、鱼和龟类等；其蝌蚪不但能取食水生植物、细菌、小脊椎动物和死鱼，而且能与当地蛙的蝌蚪竞争。

4. 生活史与习性

卵期：牛蛙的卵外被胶状物，浮于水面，借日光的热能孵化。

蝌蚪期：孵化后，牛蛙进入蝌蚪期，生活在水中，用鳃呼吸。此时，蝌蚪主要以浮游生物、藻类和多种昆虫的幼虫为食。随着变态过程的进行，蝌蚪逐渐失去尾巴，长出后腿和前腿，最终变成幼蛙。

幼蛙期：幼蛙开始尝试水陆两栖生活，虽然仍然依赖水体生活，但已经能够离开水面活动。

成蛙期：幼蛙成长为成蛙，达到性成熟，开始繁殖后代。成蛙的食性转变为以活的动物性饵料为主，如蚯蚓、螺、蚌、小鱼、小蛙等。

繁殖期：成蛙在春季进行繁殖，产卵于水中，孵化出新的蝌蚪，完成生活史的循环。

牛蛙的体温随环境温度变化而变化，属于变温动物。它们栖息于湖泊、小溪、池塘、沼泽以及水库等水流缓慢、水草繁茂的水体中。牛蛙的繁殖和生长对水质有一定的要求，虽然它们可以摄食人工饲料，但在饵料不足的情况下，可能会出现大吃小的现象。此外，牛蛙对于温度也有一定的要求，最适温度在25～28℃，水温低于15℃或高于32℃时，牛蛙会停止摄食。在冬季，当气温降低到一定程度时，牛蛙会潜入水底污泥或潮湿泥土层中越冬，停止活动和摄食，直到气温回升时结束冬眠。

牛蛙觅食活动在浅水或离水不远的潮湿陆地进行，在食物充足而安全的地方伺机静候，如果没有外来的惊扰，可以长时间不改变位置。牛蛙行动多为跳跃或游泳，这些运动主要靠发达的后肢来完成，如遇敌害或惊扰时，即用后肢用力一蹬，向前跳跃1～2m，或扑入水中，还可跳越1m余高的障碍物。牛蛙喜静，怕惊扰，一旦受到恐吓，立即潜入水中或钻进洞穴深处，或蹿入茂密的草丛中。牛蛙听觉灵敏，能觉察相距十几米甚至几十米远的声响。

牛蛙在白天可以发出响亮而深沉的吼叫声。雄性在交配期间发出的求偶叫声有一个持续0.8s的音符，频率1.0kHz，往往能传到几千米之外。在被抓住时可能会发出刺耳的尖叫声，这可能会吓到捕食者使其逃脱，还会引发大量牛蛙从海岸线逃到更深的水域。

5. 在中国分布区域

目前在北京、天津、山东、河南、江苏、上海、浙江、福建、台湾、广东、广西、安徽、湖南、甘肃、四川、云南和新疆等地均有分布。

主要参考文献

霍亮，2013. 牛蛙的生物学特性、饲养方法及药用价值. 养殖技术顾问 (5): 205.

李成，谢锋，2004. 牛蛙入侵新案例与管理对策分析. 应用与环境生物学报，10(1): 95-98.

瞿伯以，1992. 牛蛙食性的研究. 生物学杂志，5 (1): 22-23.

武正军、王彦平、李义明，2004. 浙江东部牛蛙的自然种群及潜在危害. 生物多样性，12(4): 441-446.

邢根安，2023. 牛蛙的品质特性及贮藏保鲜研究. 重庆：西南大学.

四、二斑叶螨

二斑叶螨（*Tetranychus urticae* Koch）属蜱螨目叶螨科，又名二点叶螨、棉叶螨、棉红蜘蛛、普通叶螨。20世纪80年代，在我国台湾首次发现，1983年在北京发现。

英文名：two-spotted spider mite

1. 形态特征

成螨体色多变，在不同寄主上体色有所不同，有浓绿色、褐绿色、橙红色、锈红色、橙黄色，一般多为橙黄色和褐绿色。雌成螨体卵圆形，长0.45 ~ 0.55mm，宽0.30 ~ 0.35mm。越冬代滞育个体橘红色，其余均黄白色或浅绿色，足和颚白色，体躯两侧各有一"山"字形褐斑，背毛13对。雄成螨体略小，长0.35 ~ 0.40mm，宽0.20 ~ 0.25mm，淡黄色或黄绿色，体末端尖削，背毛13对，阳茎端锤十分微小，两侧有长度约等的尖锐突起。

卵圆球形，有光泽，直径0.1mm，初产时无色，随生长发育逐步变为淡黄色或红黄色，临孵化前会出现2个红色眼点。

幼螨半球形，淡黄色或黄绿色，足3对，眼红色，体背上无斑或斑不明显。

若螨椭圆形，黄绿色或深绿色，足4对，眼红色，体背2个斑点。

2. 为害症状

以成、若螨刺吸寄主叶片汁液。主要在叶背面取食，受害叶片近叶柄主脉两侧出现细小失绿斑点，随螨量增加和为害程度加剧，失绿斑点变成灰白色至暗褐色，叶片枯焦早落。幼嫩叶片受害后呈现凹凸不平的害状。

3.寄主范围

寄主植物广泛，达50余科1 100多种，常见的有（*Fragaria ananassa*）、茄（*Solanum melongena*）、番茄（*S. lycopersicum*）、黄瓜（*Cucumis sativu*）、辣椒（*Capsicum annuum*）、豇豆（*Vigna unguiculata*）、芸豆（*Phaseolus vulgaris*）、西瓜（*Citrullus lanatus*）、黄瓜（*Cucumis sativus*）、桃（*Prunus persica*）、天竺葵（*Pelargonium hortorum*）、一品红（*Euphorbia pulcherrima*）等。

4.生活史与习性

在南方每年发生20代以上，在北方12～15代，以雌成螨在树体根颈处、树上翘皮裂缝处、杂草根部、落叶和覆草下越冬。越冬部位与树龄有关，幼树以根颈附近土壤为主；覆草幼树园主要在根颈周围20cm范围内越冬；10年生左右结果树主要在根颈处越冬；15年以上的大树则以树体翘皮、裂缝等处越冬为主。翌年3月下旬至4月中旬，越冬雌成螨开始出蛰，首先在树下阔叶杂草或果树根蘖上取食、产卵繁殖，然后上树为害。当平均气温升至13℃左右时，开始产卵。每雌螨平均产卵量100粒。卵期在15d左右。4月底至5月初为第一代卵孵化盛期。上树后先在徒长枝叶片上为害，之后扩展至全树冠。7月螨量急剧上升，进入大发生期。发生高峰为8月中旬至9月中旬。进入10月，气温降至17℃以下后出现越冬雌成螨。气温降至11℃以下时，形成滞育个体。

二斑叶螨喜在叶片背面取食活动，爬行迅速，有明显的趋嫩性和结网习性，螨量大时，堆集在叶片边缘、叶中央，数量可达万头，在叶面、叶柄及枝条间拉网穿行，借风力扩散。

5.在中国分布区域

目前广泛分布于北京、河北、山西、辽宁、吉林、陕西、甘肃、宁夏、新疆、河南、安徽、江苏、上海、海南等地。

二斑叶螨雌成螨与卵（张锋　提供）
A.雌虫　B.雄虫

二斑叶螨为害状（张锋　提供）
A.为害豇豆叶片症状　B.为害冬枣叶片症状

主要参考文献

孟和生，王开运，姜兴印，等，2001.二斑叶螨发生危害特点及防治对策.昆虫知识，38(1): 52- 54.

Ismail MS, El MH, Elnaggar MHR, et al., 2007. Ecological studies on the two-spotted spider mite *Tetranychus urticae* Koch and its predators. Egyptian Journal of Natural Toxins, 4(2): 26-44.

Van Leeuwen T, Vontas J, Tsagkarakou A, et al., 2010. Acaricide resistance mechanisms in the two-spotted spider mite *Tetranychus urticae* and other important Acari: a review. Insect Biochemistry and Molecular Biology, 40: 563-572.